U0117734

茶经

［唐］陆羽

——

著　明洲——

注

九州出版社

JIUZHOUPRESS

图书在版编目（CIP）数据

茶经 /（唐）陆羽著. --北京：九州出
版社，2022.12
ISBN 978-7-5225-1520-5

Ⅰ．①茶… Ⅱ．①陆… ②明… Ⅲ．①茶文化－中国
－古代②《茶经》－注释 Ⅳ．①TS971.21

中国版本图书馆CIP数据核字（2022）第226813号

茶经

作　　者	（唐）陆羽　著
选题策划	于善伟　毛俊宁
责任编辑	毛俊宁
封面设计	吕彦秋
出版发行	九州出版社
地　　址	北京市西城区阜外大街甲35号（100037）
发行电话	（010）68992190/3/5/6
网　　址	www.jiuzhoupress.com
印　　刷	北京盛通印刷股份有限公司
开　　本	880毫米×1230毫米　32开
印　　张	9
字　　数	220千字
版　　次	2023年10月第1版
印　　次	2023年10月第1次印刷
书　　号	ISBN 978-7-5225-1520-5
定　　价	78.00元

发现神秘的新世界

我们先来思考一个简单的问题，唐代中国人均饮茶量和现在中国人均饮茶量哪个更大？我们查证各种史料，都会发现，尽管具体数字不能确定，但唐代人均饮茶量比现代人大得多，相当于现在的数倍。

那我们再问一个问题。这种现象背后意味着什么？有人可能会说，中国茶繁琐，已不能适应现代社会快节奏生活。其实这也只是肤浅之见。中国茶文化传播所及之处，从东亚之日本，到西亚、中东、北非，乃至欧洲大陆、英伦三岛，都不乏人均饮茶量比中国大得多的国家，而这些国家中，袋泡茶或喜茶之类的饮料直到今日也不是消费主流，袋泡茶消费量最大的反而是缺乏饮茶传统的加拿大。

总不能说日本人就不面对现代社会的压力，或者英国、爱尔兰社会不够发达，可见这些都不能提供信服的解释。我们再换个角度来看，精品咖啡的冲泡实际上绝不比茶更简单，但恰恰是近些年兴起的新潮。可见单纯追求效率绝不是饮不饮茶的核心考量。

其实这一切的背后蕴含着一个大的背景，就是饮茶的文化。人并不是机器，生活习惯并非一朝一夕可以转变，人们饮茶并不只是为了满足生理需求。一种文化的形成看似虚无缥缈，却在社会经济生活中潜移默化，有着巨大的能量。

过去很多人认为明代废团茶、兴散茶，工艺上的炒青、呈现上的冲泡逐渐成为主流，这是茶文化的进步。其实大不然。如果说崖山之后，中华文化进入了漫长的下滑时代，洪武以降则进入了一个断崖区间。

这当然不是说明代没有茶文化，实际上明代茶文化也有自身特点。而是说从洪武时代对文化生活的深入管控开始，中华文化优雅、鲜活、自尊、磅礴、厚重的正脉很大程度上受到抑制，缺少原创性的力量。但人毕竟要生活，要娱乐，禁止也是禁止不完的，于是后来江南感官娱乐为核心追求的市井文化大行其道，炒茶直白之香，泡茶方便之简，恰恰是适应这种社会生活的产物。如果我们考察香道、花道、书画等其他领域，会有类似的发现。

中华茶道由此也进入了完全不同的轨道，这种影响从明清至民国，直至今日仍然清晰可见。

世界的本质就是成住坏空交替上演，文化现象也概莫能外，我们也不必徒然长叹。实际上其中因缘变幻，万象森罗，并非只有文化一种视角，也实在不能以好坏得失计量。

离开当下人心的需要，空谈所谓文化复兴，难免有泥古不化之忧。但如果我们能从那些被我们忽视或误读的兰台芸帙、吉光片羽入手，践履古人芳踪，就会有惊人的发现，这些发现会引导我们进入一个神秘的世界，而那里蕴藏着带给现代人心灵安宁与生活喜悦的智慧。只有把这种文化的精神内核发掘出来，才能真的超越时空，裨益当下。

七年前，抱着梳理中国茶文化精神传承的想法，开始入手重新校注唐宋时期的茶学经典，其中第一本当然就是《茶经》。由文本而进入情境，我渐渐发现，这本书并非简单的茶学知识读本，实际上里面蕴含着非常丰富的内涵。于是便有了《茶经的秘密》系列文章，作为我们入门的导读。

近年来，更多了解中古时期道家、禅宗、内外丹、中医、香学相关背景之后，更觉得，当时的解读也只是开了一个头，只是刚刚迈入这个新世界的大门。而这些年在云南古茶山的制茶藏养实践也让我对茶的理解大有进境，知行相合，方见真谛。

茶究竟该怎样制？又该怎样喝？人与茶、与天地是怎样的关系？果然是常思常新，奥秘无穷。

我们今日已有六大茶类之分，各地名茶也数不胜数，但每道工艺的底层逻辑究竟何在？每种茶与人体作用如何？今日的制茶饮茶是否臻于陆羽所言"体均五行去百疾"的目标？

而《茶经》"坎上巽下离于中"所蕴含的茶修奥义，除了白玉蟾这样的大师，用"吾侪烹茶有滋味，华池神水先调试。丹田一亩自栽培，金翁姹女採归来。"这样的诗句来暗通款曲，现在又有几人能管窥少许呢？

古人的世界是如此熟悉，却又如此陌生。每每感慨，现代人对日本仪式化的茶道尚能理解，对真正的中国文化却很难契入了。日本茶道由茶之外围的仪式与器物入手，与此大不同，我们的古人认为道"即"在茶中。天炉地鼎自运化，天地精神相往来，一片树叶中本来就蕴含了天地人的和谐共鸣，蕴藏了阴阳五行的全部密码，而如何看待，如何运用，也正是大机大用，人生智慧所在。

禅宗所言"运水搬柴，无非妙用"，并不是我们通过运水搬柴的仪式训练来修炼出什么妙用，而是运水搬柴，本来就是妙用。中华茶道最精妙处，恰在于一个"即"字。茶汤入口，感官触碰升起觉受的刹那，分别起现而又消融的瞬间，无不在印证着这一点。仰山撼树、赵州吃茶，最精微而自在的，正在每一个当下，由是而观之，中华茶道真义片纸不隔，岂大远在。

由面前的这一杯茶，体契天地人的和谐，发现身心自在的密匙，焕发本有的生命华彩，才是真正中华文化精神的复兴。

这些年虽有很多感悟，这次再版还是尊重当时的因缘，未做大的修改。关于茶，更多的精彩，留待将来与诸君分享。

找寻失落的幸福

谈到茶文化，近年来最为核心的一个话题便是："中国有没有茶道？"

理清这个问题并不复杂，但让我感触最深的却是：很多人质疑茶道也好，推广茶道也好，并未意识到这个问题的原点在哪里。

作为近年来茶道传播的主要线索，日本、中国台湾地区一系的路径影响甚大。但是由于文化的差异，以及对仪式感的隔膜，再加上商业社会时风浇薄，这个"茶道"让很多爱茶人产生了不适。这种不适需要有个表达的通道。

于是有人认为中国没有也不必有茶道。有人认为中国的茶道就是"舒服"二字。也有人试图通过科学来解构茶道。

还有人通过历史的梳理证明，明清乃至民国，那些文人雅士其实完全不知茶道为何物。既然如此，何来茶道的传统呢？

这些观点各有各的道理，不过和很多热衷推广茶道的贤能人士一样，忽略了一个根本的问题：为什么我们喝茶需要头上安头，搞一个茶道出来呢？

要理清这一点，我们需要剥去现代商业的烟雾；放下学术概念的架构；也不必囿于近代的历史——"传统"两个字有太多的可能性，我们何必抓住最令人沮丧的那个？

我们唯一需要的是回到古人的情境之中，体会他们曾体会过的幸福感。看看这种幸福感，是否值得我们去探寻，去实践，仅此而已。

如果我们需要把探寻与实践这种幸福感的过程用一个名词来总结，无需新创词汇，我们可以称之为"茶道"。

这些年喝茶的体会，我曾经写过一篇文字《幸福，从这一平方尺开始》。我不知和茶道有什么关系，但是确实有多个万缘放下的瞬间，我相信是和古人相通的：我能明白陆羽用竹筴搅拌沸汤投入茶末时的欣喜，能体会蔡襄凝神观察茗花时的惊艳。这种心情的相通，是所谓传统延续的根基，如果没有这些，所谓"茶道"也索然无趣。

而我们顺着这条路，再前行一步，就会明白，所谓的修行，也正是引入我们进入更深层次的体验，乃至获得全然的自由。仅仅感官片刻的舒服，并未能给我们幸福的深度与力度，而茶道的修养，让我们得窥天地堂奥；遑论证悟，仅是过程中内在的巨大喜悦与生命品质的提升，也赋予我们前所未有的人生境界。

　　从这个角度，便有了重新梳理古籍的想法，看看这里面是否有被我们所忽略的东西。在历代茶书中，无疑《茶经》是最为重要的，也是开创性的一部茶学古籍。我的梳理也自然从《茶经》开始。

　　重新面对这本《茶经》，我需要时刻提醒自己的是，放下一个现代人的傲慢，而要尽量回到那个历史的瞬间。

　　当我真正烤炙茶饼，看着缕缕茶烟生起，我才明白"倪倪"并非是形容茶饼软嫩，而是茶梗芽受热膨胀的真实写照。而令人费解的"白红之色"并非是茶碗衬托茶汤的颜色，而是依唐时制法，茶色的一个自然变化，于是上下文之意豁然开朗。而"如漆科珠"，恰是字面意思，给小颗珠子髹漆，并不需要那么复杂的引申。

　　除了器物要回到历史情境，更为重要的是，思维回到历史情境之中。对于现代人来说，器物与思想截然二分，而在古人那里二者实为相通。对于现代人来说，《易经》只是空泛玄学，而在陆羽那里，这些却是天地万物的根本之道。至于中医、丹道、方术的种种观念，对于我们来说更是奇思妙想，对于古人来说却可能是通识。

于是我们在陆羽的鼎的设置与铭文上，在"鍑"的形制设计上，在他的"俭"与"广"的描述中，发现了更多的秘密。不仅深刻地反映了那个时代人的理念、陆羽个人的抱负，也昭示我们中国"茶道"深沉内敛、大气磅礴的内涵。而当你真正契会古人的情志，与古人会心一笑，所谓的"茶道"之争也就自然回到了原点。

我们要复兴的不是僵死的传统外壳，我们需要的是体验古人曾体验的幸福，这种幸福对于我们似乎如此陌生，乃至不敢相信她的存在；但却暗入心髓、与我们血脉相连。其深刻的内涵与带来生活品质的改变，完全值得我们付诸实践，哪怕作为我这样一个浅尝者，也十分确认这一点。

关于《茶经》的版本。幸有吴觉农、周靖民等前辈学者的努力，以及近年来沈冬梅、程启坤等人的梳理，在《茶经》的版本和相关史料研究方面已经没有大的障碍。本书原文以国家图书馆藏南宋咸淳百川学海本《茶经》为底本，同时参校其他版本。因为不是严谨的学术著作，而且大部分校改也是吴觉农先生等人已做过并为大家普遍认同的，故而没有详细地列出校改的个别字以及各版本差异。大家如果需要了解更多各版本的细节，可以查阅原版文字并参考沈冬梅女士的相关文章。

关于《茶经》的成书时间，有不同的观点。根据陆羽的自传，并且对照《茶经》中产地描述与唐代的行政区划变迁，《茶经》成书应该不晚于761年。也有人根据"圣唐灭胡明年铸"以及出于对陆羽知识与能力的质疑，认为后面有所修改。这些仅仅是推测，完全可以有不同的解释，和前面的观点相比缺少坚实的证据。实际上从流传的版本看，陆羽后面到过的一些地方并未有充分体现，反而让人更加确信第一种观点。

关于成书地点，根据史籍记载应该是在湖州。近年来有些学者出于其他目的和考虑，提出不同观点，过于牵强。

关于陆羽本人的生平，我在本书收录的《陆羽：从笑话到神话》有一个大概的介绍。单纯的年表可读性差一些，串起来讲一个故事会有不同。在与史料相合的基础上进行加工，这也是一个尝试，效果如何由大家来评判吧。

本书收录的六篇文字，是我在校注《茶经》和梳理唐代茶文化过程中的随笔，原文发布在茗寿堂的微信公众号上，故而行文比较随意，风格也不统一。出版方认为可能会对大家有帮助，于是也放在这本书中。前三篇和《茶经》本身关系更密切一些，编辑建议放在正文前面，希望对大家有些许启发。后面三篇则不局限于《茶经》，而是置身于当时大的茶文化背景之中，而了解这些大的背景，也对我们理解《茶经》不无裨益。

2016年7月12日

明洲于洗象阁

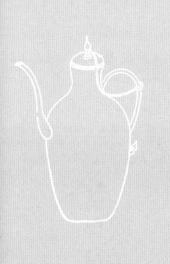

目 录

导读

都说世界有三大茶书，没错，茶书有千万种，但《茶经》只有一本，来源于一个不到三十岁草根青年的著述。

《茶经》的秘密（一）：风生水起

　　作为一个资深茶人，我跟大家谈谈《茶经》，那些不为人知的内容。

　　作为中国茶最为重要的历史典籍，已经被注释过多次，《茶经》还有什么秘密可言？

　　有的，人心不同。同样的文字，有的人看出天地大美，人生奥义；有的人看出人心冷暖，世事浮沉；也有的人看出政治经济，阶级斗争。之所以要花一点时间来探微，是因为对传统精神的陌生，对历史文化与实践操作的忽视，可能会让我们如盲对暗，错会前人之意，错失经典的宗旨与核心价值。

　　第一篇先从一个器物——风炉说起。

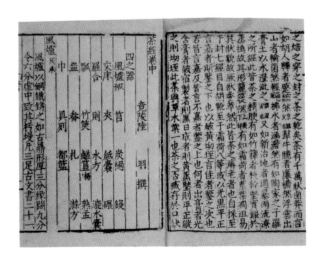

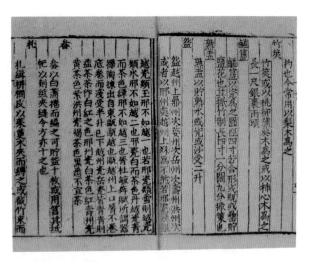

台北故宫藏明弘治无锡华珵刊百川学海本《茶经》

"坎上巽下离于中"

《茶经》上说这个风炉要做成鼎的形状。鼎有三足，分别用古文（唐时古文指的是金文籀篆之类上古书体）写三行字："坎上巽下离于中""体均五行去百疾""圣唐灭胡明年铸"。文字很明白，没有什么歧义，一看就过去了，但这里面大有来头。

首先为什么要做成"鼎"的形状？今人的注解往往容易从技术的角度来探讨。可以肯定地说，鼎这种形制并不是从热效率角度考虑的。而且现存唐代风炉的实物来看，也基本没有陆羽这种形状的。

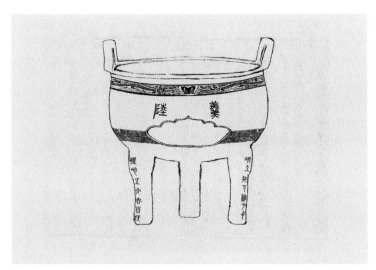

今人根据陆羽《茶经》描述绘制的鼎形风炉示意图。

图左，法门寺出土唐银风炉；图右，国家博物馆藏风炉及鍑。分别代表了皇室与民间的风格。

因为鼎这种器物本来是煮东西的，不是炉子。现存的唐茶器中有一种直接用来煮茶的茶铛，相当于炉釜合一的简化版，倒是有点近似鼎的形状。那是从美学的角度考虑吗？好像也不太有说服力，并不是除了鼎就无法达到美观了。这个问题我们先放下，再看这三行字。

唐长沙窑茶铛，鼎釜合一，用于简易的煮茶。

"坎上巽下离于中"，这个说的是八卦，不了解的人会滑过去。稍有了解的人会知道，八卦取象：坎象水、离象火、巽象风象木，下面木炭因风生火，上面以火煮水，这正好是一个煮茶之象啊。

那么问题又来了，这句话相当于把煮茶这件事儿用八卦取象翻译了一遍，重复了一遍，又有什么意思呢？我们探讨这个问题就需要借用一点《易经》的知识了。

如果说《易经》是中华文化的源头经典，我想没有人会反对。儒家重视，道家重视，医家、玄学、方术也都重视，很重要的一点，《易经》提供了一个探讨、实践、体会自然、社会与人身关系的综合体系。所以儒家在面临道家强大的技术优势、佛教牢不可破的哲学高度的时候，往往要回到《易经》来应对。

《易经》由上古至中古的流传也逐渐形成了侧重不同的两个流派：一个是关注义理哲学的流派，一个是侧重象数实践的流派。当然这是为了叙述方便，实际上也是互有重叠。在陆羽时代这个分野已经明显了。官方所推重的自然是唐初大儒孔颖达的《周易正义》，而在民间亦不乏高人，比陆羽稍晚，巴蜀的李鼎祚编纂了一本《周易集解》，也是十分重要的易学著作。侧重实践的人可能更关注后者，因为保留了很多两汉时期易理实践的宝贵总结。从陆羽一生的性格与行迹来看，这两个流派对他都有所影响，孔氏的理解因为普及性高必然为大家所熟知，而陆羽的江湖背景也让他对周易的理解不仅仅停留在义理层面。

陆羽真的懂《易经》吗？还是随手写的"坎上巽下离于中"？懂不懂没法说，五经之首，谁也不敢说真懂；但是有一点，陆羽和《易经》的渊源甚深。因为"陆羽"这个名字就是他自己用《易经》占筮得来的。《新唐书·陆羽传》讲他"以《易》自筮",占得"渐"卦,卦辞曰:"鸿渐于陆,其羽可用为仪。"于是得名陆羽,字鸿渐。而"渐"卦是什么?上巽下艮,艮是山,巽是木,山上之木,合一个茶字。当然渐卦还有更深的内涵合于陆羽一生,这是后话。

再一个,《陆文学自传》里面讲,他年轻的时候写过一本书——《占梦》三卷。这说明他对易学和术数还不仅仅停留在理论层面,必然有一番实践和琢磨。所以陆羽这么来设计,应该不会仅仅是装饰。

崇德广业

我们回到李鼎祚的《周易集解》,来看中唐时代民间的易学风气。这位李先生,可不是一位泛泛学究。他们兄弟本来是类似诸葛亮那种山中读书的高人,安史之乱,明皇幸蜀,李先生就给上了一篇《平胡论》。一个没有任何从政经验的民间人士,唐王朝风雨飘摇,那么多将相饱学之士都没招儿,您是哪位啊?奇怪的是后来就因为这么一个《平胡论》,给招了左拾遗,充内供奉。这个官不大,但是表示皇帝很重视他的意见,为什么?

清朝的学者考证,这位毫无背景,对《易经》理解还和主流学术观点相左的民间人士,能仅凭一篇文章被皇帝如此重视，只有一个原因，他在这篇文章里对安史之乱后来的发展做出了准确的预测，甚至提出了应验的解决方案。《蜀故》里面的记载是："预察胡人判亡之日期无爽毫发。"我不跟您废话谈玄说妙，咱做个实验您看看对不对就行了。

后来代宗朝李鼎祚把他的易学大成之作《周易集解》给呈上去了，又一次引起了重视，当然面上大家还是谈孔颖达的东西，因为这是统一思想的需要。真正到实践层面，不得不重视这样的高人，这是中国统治者历来的传统。但是这种事儿又不太想让民众知道，所以像李鼎祚这样为往圣继绝学的人物反而史料很少，正史几无记载。

那么《易经》是不是一个算卦的书，为什么会受到这么大的重视？其实这个问题在《系辞》里面就说得很清楚了。易的确和早期先民的占筮活动有关，但是更是圣人君子借以体察道之行运的体系。不管是什么理论体系，光拍脑袋想是不行的，需要在实践中不断地体会与检验。而在体契之后，圣人君子又可以用来化导苍生。

子曰："易其至矣乎！夫易，圣人所以崇德而广业也！"（《周易·系辞》）

至少在唐代，这个传统还是很有力量的，所以才会有李鼎祚这样的高人走出巴蜀的大山来实现自己的理想。

在《周易集解》的开篇，李鼎祚就讲：

"原夫权舆三教，钤键九流，实开国承家修身之正术也。"

换句话说，大到开创一个国家，小到一个家庭的承续，一个个体的修养，周易提供的是正术。那么这篇著作不仅是一个学术研究的成果，而是关系到国朝兴亡、百姓安康的钥匙，不仅仅是官方统一思想的面子工程，也对实践有深刻的指导意义。只有我们看到了这个层面，才能对陆羽的一些说法有深一步的体会。

革故鼎新

"坎上巽下离于中"，是三个卦的纵向的组合。我们先来看下面两个卦，上离下巽，这是一个"鼎"卦。我们知道《易经》六十四卦本来就是象的组合，木风生火，自然与鼎相合。那么鼎又是一个什么卦呢？

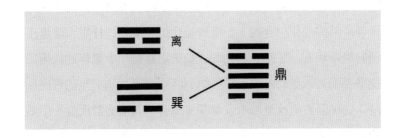

我们知道，对一个卦的诠释，因为可操作的空间很大，反而特别需要慎重，一定要有所来由。我们按照《周易集解》的体例，先看《序卦》。

《序卦》曰：革物者莫若鼎，故受之以鼎。

这是在讲这个卦的来由，"鼎"卦前面是"革"卦，

"革"是水火相息，意味着破坏，变革肯定要有破坏，这个无法避免，我们今天这个国家面临的所谓改革情势也是一样。旧的状态已经无法持续，重要的是新的东西能否随之建立。所谓空间换时间，能不能尽快顺利地进入新的阶段、新的状态。这个"新"的建立，就是"鼎"。鼎卦互体乾、约象兑，乾为金，兑为泽，什么意思呢，革命带来了水火相息，我们用金属来做一个鼎，鼎里面放上水，水火就不再相克、相息了，而是相生了，因为一个新东西的建立，这些力量发挥他们应有的价值了。生的东西可以变熟了，这是"鼎"。

《杂卦》里面说："革，去故也；鼎，取新也。"鼎新这个词由此而来。

陆羽所处的时代也是这样一个大变革的时代，他们这一代人都是在开元盛世中成长起来的，虽然陆羽本身出身贫寒（这是与渐卦的变化相合的），但毕竟也是和李杜一样见识过唐王朝的巅峰状态。忽然一夜之间，安史之乱把一个繁华的大帝国搅得底朝天，我们的大天子都跑到四川去了，陆羽也随难民南渡。这种强烈的反差每个人都深有体会，大家必然渴望一个新的太平之世。

为什么一个足上写的是"圣唐灭胡明年铸"。有的人根据字面理解为这是安史之乱平定之后第二年造的风炉。但是和《茶经》的写作年份不合，成书好像没那么晚。其实这里是一个祝福的祈祷词，我这个是灭胡之后造的鼎，那胡还能不被灭了吗？这是古人常用的一种暗示策略。这个年份是虚的，但是灭胡的愿望是真实的。这种愿望不仅体现在这个祝福词当中，也体现在用"鼎"这个象来革故鼎新上，这几个足的内容一定要联系起来看，绝对不是东一榔头西一棒槌胡写的。

再回到"鼎"卦。

《彖》曰：鼎，象也。以木巽火，亨饪也。圣人亨以享上帝，而大亨以养圣贤。巽而耳目聪明。柔进而上行，得中而应乎刚，是以元亨。

鼎这个卦名和其他表义的卦名不同，鼎本身就是"象"。鼎是什么呢，是下面以木烧火，煮东西的一个器物。但是这个器物和一般的锅不同，我们知道"一言九鼎""问鼎中原"之类的成语，究其来源，鼎是一个象征权位的十分庄重的器物。圣人用鼎上供天帝，也用鼎来养贤。如果从国家的层面讲，这个圣人就是指帝王。

对后面这段话的理解可以看出义理和象数派的差异，按大儒孔颖达的解释，这个代表了圣人谦巽养贤，所以信息通达，六五得中应刚，革新就容易成功。而从象数派的理解看，这些固然没问题，但不是附会出来的，而是推导出来的。当然这个比较玄了，这里就不展开了。

负鼎之才

最后看，

《象》曰：木上有火，鼎。君子以正位凝命。

这个文字也不难理解，正位指的是九三，"凝命"需要解释一下。《周易正义》认为凝是严整之貌，把凝看做形容词。而《周易集解》引郑玄的注：凝，成也。应该说郑玄的说法更准确一些。"凝"从本义来讲还有自然聚集而使坚固的意思，那么这个"成"的意义还有一种特别的意味。

君子可以理解成国君，陆羽表达的是对天子的祝愿，这个说得通。但陆羽恐怕意不限于此。

在《茶经》后面的文字中，这个风炉的三个窗口上有六个字，连起来就是"伊公羹，陆氏茶"。这又是什么意思呢？

伊公是指伊尹，我们知道伊尹是商初的贤相，不仅是贤相，而是圣人。所以后来称伊尹为元圣、孔子为至圣。和孔子不同的是，伊尹不像孔子那样颠沛流离，而是真正的帝王师，完全实现了自己的理想。

"予天民之先觉者也，予将以斯道觉斯民也，非予觉之而谁也？"（《孟子·万章》）

换句话说，伊尹自称是先觉悟的圣人，来把大道传给大家。这个就不是一般意义上的贤相了，别的贤相没法和他去比，如果硬要对比的话，这个是相当于开化群蒙的先知摩西一类的人物。实际上这也不算夸张，因为中华文明很多开创性的东西的确和伊尹有关系。

好个陆鸿渐，真不是一般的狂啊。先别急，我们再来看看这个伊尹的出身？他原来是奴隶出身，后来被莘国国君的庖人收养。看到这里让我们想到什么呢？陆羽出身微贱，是被智积禅师收养的孤儿。再往下看，伊尹出身庖厨之家，创五味调和之论，也是咱们的烹饪始祖。更为关键的是，伊尹由厨入宰，是由烹饪而通治国之道，这个是不得了的。这也是陆羽要比附的最重要原因！

所以陆羽是有"负鼎之志"的。这个是不是一厢情愿的猜测呢？不是的。在陆羽四十多岁的时候，他的一个诗友，也是大历十才子之一的耿湋和陆羽有一个连句诗，就是你一句我一句这样写下来的——《连句多暇赠陆三山人》。第一句耿湋讲的，现在已经成为经典了："一生为墨客，几世作茶仙。"耿湋对陆羽很欣赏，是陆羽的粉丝。他的话赞美的很到位，但是陆羽不接受。陆羽是怎么回答的呢？

"喜是攀阑者，惭非负鼎贤。"

这个回答很巧妙，说自己不是什么，恰恰表达的是自己的真实抱负。陆羽不在意什么墨客、茶仙，而是负鼎的伊尹。但是，很可惜，这个抱负没有实现。所以负鼎之志的确是陆羽的初衷而非随意之词。当别人赞他墨客茶仙的时候，他的第一反应不是回应这些称号，而是很可惜没有实现当初的抱负。

再回到伊尹。所谓伊公羹，伊公见商汤时烹调了一份鹄鸟羹，商汤吃得很爽，问他这怎么弄的？于是伊尹就由此开始发挥了，这个很精彩。古人和今人不同，认为道理都是相同的，烹饪和治国也是相通的，老子说，治大国如烹小鲜，也是这样。（现在是技术官僚的时代，复杂性和古时候又不一样了，但指导思想仍然是相通的。）从这里陆羽借陆氏茶想要说什么我们也就可想而知了。

这个思路顺理成章，不过严谨一点，我们还要问问，是不是对陆羽的意图有点过度诠释了？

其实我们整体看《茶经》，类似的地方并不少见，只不过之前大家没有顺着这个思路去想过。比如《茶经》说到鍑："方其耳，以正令也；广其缘，以务远也；长其脐，以守中也。"我看到的解释大多从技术的角度来说。说耳（锅两边的把手）做成方的是为了保持平衡，这就离谱了。把手无论做成什么形状，只要两边对称都是平衡的。陆羽的考量显然不在于此，我们需要放在前面的上下文中去理解，才能看出端倪。这番话显然不是说给闲喝茶的人听的，是说给有心人听的。

以上我们浅涉了一下李鼎祚所说的"治国"这个层面，接下来我们来看"修身"的层面。

《茶经》的
秘密（二）：
性命相关

三足鼎立

上篇我们说到风炉的三个足上有三行字

"坎上巽下离于中"

"体均五行去百疾"

"圣唐灭胡明年铸"

这三个鼎足是相互关联的，有着严密的逻辑，这样才称为"鼎足而立"，否则像现代人的解释互相不挨着，那鼎就趴下了。

上一篇里，我们大概说了一下"巽上离下"的鼎卦，这样我们才能理解，陆羽借"鼎"之卦，以及"鼎"之象来有一个革故鼎新的缘起。所以有"圣唐灭胡明年铸"的暗示之祷，以及联系陆羽的身世，终于理解鼎上面"伊公羹、陆氏茶"陆氏的雄心或者野心吧。

圣人之道，治国之道，感兴趣的人不太多，这个不一定是坏事。我们今天要讲的内容大家可能需要额外的注意，这关系到每个人的切身，也就是李鼎祚说的《易》"修身"的层面，这个修身可以是提升身体的健康水平，也是修养身心的方式，从道家角度，而最终也是借假修真，我们也可以说步入真正的"茶道"之门。这几个层面，其实说开了，也是一回事儿。

那么第二个足上"体均五行去百疾"讲的是什么，现代人一解释，很简单，祝你身体健康。我们要是不了解背后的文化，就被现代人糊弄过去了。这里面并非是一种浮泛割裂的现代思维。可以肯定地讲，陆羽说的是丹道，包括外丹和内丹的内容。要直接说内丹，可能有点不好理解，我们先从中医入手来讲人体，之后再来讲这个丹道，就好理解了。

水火既济

第一个足，三卦相承，中下组合是"鼎"卦。这个我们讲过了。我们来看中上的组合，坎上离下，这个卦叫"既济"。水在火的上面，三个阴爻在三个阳爻上面，形成了一个动态的平衡，这个十分重要，运转起来了，我们叫既济。

　　既济这个卦好是不好呢？《易经》里面的卦不能以好坏而论，他说的都是"道"，是一种规律，吉凶是探讨规律的一个方便，是不断变化的，好坏是人的附加，不能执着在这上面。虽然如此，有的人会说既济这个卦是最牛的一个卦，但古人就是那么奇怪，他不以最牛的卦来结顶，还要在后面放个"未济"，和既济反过来的卦来结束，这样才是周而复始，昭示更深的内涵。

　　时间关系，我们不再详细引经据典了，大概说一下这个卦来进入正题。什么叫既济？天地交感叫做"泰"卦，在此基础上阴阳又交，就是"既济"，是一种和谐的运转。

　　我们看自然界，水因热力而蒸发，再遇冷凝为水汽，才能形成一个自然界生生不息的循环，如果就是热上冷下，互不交感，就出大问题了。人体也是如此。中医里面什么是坎水？就是我们的肾，这个坎是阴中有阳，两个阴爻夹一个阳爻，这是肾中的元阳之气。那什么是火呢，是心，离卦是阳中有阴。那这个里面也要形成一个循环。

我们以现在人的状态对照，绝大部分都是水火未济，虚火上升，这是这个时代大的一个状态，地球都虚火上升了，你要不有点觉照，很少能脱离这个大的环境。为什么会未济呢？从地球来说，经济亢奋，大量的矿产，煤、石油、天然气都开发出来烧了，坎中之阳上浮了，带来气候的变暖，而实际上整体看，循环不畅，就会出现冷热失调。今年（2015）冬天之寒，大家都有体会，难道全球变冷了？但专家告诉你，这是全球气候变暖导致的，把北极的冷空气赶下来了。这是极为明显的未济之兆，拿人体来说，这人非常危险了。

从人体来说呢，人心对欲望的追求越来越张扬，心火不降，肾阳耗散，也是未济之相。大家都想的是创业融资上市，也不管自己的能力资源，心火能降下来吗？大部分媒体都要靠两性之事来吸引你的注意力，肾阳不耗散也很难。也别谈可持续发展了，整个经济的模式就是阴阳不交，水火未济，所谓泡沫，常态化了就不叫泡沫了。要想真正的可持续，就要回到既济的状态。

那这个未济是什么症状呢？就是虚阳上浮，烦躁，会出现燥热的病症，但并不是真热，而是虚的，是未济造成的。我们到药店一看，中药绝大部分都是清热的，好像这个是中医为这个浮躁时代开的药方，但这里面有很大问题，这个虚火真正解决要调整整个身体的状态，你不管什么情况上来浇一盆冷水，这中医药不搞完蛋才怪。

那应该怎么办呢？有不同的方法，明代医家赵献可是研究肾（不是西医生理上的那个肾）或者说坎水的大家，我们来借他的说法。坎水中的火，叫霹雳之火，雷龙之火，被你纵欲给放出来了，那现在要"导龙入海"，"引火归元"。要靠什么呢？

一曰达，要把这个循环的路径搞通畅；二曰滋，不是去一下子浇灭，而是通过滋阴来处理；三曰温，温养、恢复元气；四曰引，这个最关键，要归位。我们从那个图也可以看出，脾胃这个中枢很关键，这个到后面的丹道还要讲到。

关捩于此

中医大概提了一下，有人说，你这中医不靠谱，西方没有中医不是活得好好的。我刚到美国的时候，看见他们吃饭都喝冰水（是一半是冰块的水，不是冰镇水），确实不理解，这虚火得多大啊。后来渐渐进入他们的生活状态，就理解了，我喝冰水也没问题。大的背景参数变了，具体的结论变了，但中医的核心逻辑依然成立。水火未济你不要以为就马上完蛋了，在《易》看来，那也是另一个层面的运转和平衡，有的人靠自身达到平衡，有的人靠吃食物来达到平衡，有的人是靠药来平衡，也都是日用而不知。

那你说，反正人生多不过百岁，老外未济也好，虚阳上浮也好，也没怎么少活，不也过来了吗？你这中医有啥意义呢？这就涉及东西文化的核心了。姑且不说大量吃肉地球变暖之类的环保话题，我们还是回到我们自身：中国的传统是始终留给大家一个机会的，什么机会呢，我们说天人合一也好，或者说人身的奥秘也好，这扇门是始终开着的，如果你不顺应这个道，这扇门就关上了。

我们如果顺着这扇门再往里走一步，那就是丹道的范畴了。

什么意思呢？我们不仅要维系身体的正常运转，我们还要主动的运用这个原理来真正提升生命的品质。

若非戊己不成丹

什么叫丹道呢？外丹就是安炉设鼎，用铅汞之类的矿物来炼制丹药，这和今天的化学实验有相似之处，但古人的重点不在于此，我们仍然要借助"取象思维"，才能明白古人的用意，外丹和内丹是一体的。上古时期直到唐代，外丹之术还是比较普遍的，之后渐渐衰弱了。因为外丹之术并非像我们想象的那样，吃了仙丹就如何如何，而是和修炼者的身心状态息息相关。而且，另一方面，时代不同，东西也都不一样了。

那内丹又是啥呢，这个鼎不在外面，就在我们的身体里，这个铅汞，五行，都不在外面，我们的身体全都具备，我们借助这个身体来修炼，那就是内丹。我们知道丹道至为重要的一本书就是《周易参同契》，还是和《周易》密不可分。当然要探讨内丹，这本书可能有点深，投机取巧，我们借助更平民化的张三丰张真人的话来解陆羽埋下的这个秘密。他说：

"水火既济真铅汞，若非戊己不成丹。"

内丹外丹都是相通的，这句话说外丹也行，但是大家更多的是从内丹的角度理解。

刚才我们从中医的角度来讲，坎水指肾，离火指心，心肾要相交，水火既济。那戊己是什么呢？戊己是土，指的是脾胃。在刚才那个图里我们可以看出，脾胃是中枢，水火既济，这个中枢的关系重大。那在丹道里，我们不再局限于借这五脏的语言系统来表达，我们从更大的阴阳系统里来看这件事儿。当然从丹道反过来看中医的解释就很明白了，所以我们要先讲中医，再讲丹道。

丹家讲坎卦之阳爻是真阳，喻为先天炁，为先天之本；离卦之阴爻是真阴，喻为后天炁。这个戊己，指的是真意。还有个说法叫"黄婆"。不是黄脸婆哦。黄好理解，戊己属土，黄色。为啥是"婆"呢？古代"婆"不只是个表年龄和性别的称谓，也是一种职业和功能称谓。她做的是什么事儿呢？就是传递信息，沟通阴阳！古人礼法比较多，好多事儿不好沟通，这个婆不在乎脸面，可操作的空间就大了，我们看明清小说，这个"婆"可太厉害了，一件很大的事儿，找到根源，就是婆的几句话引出来的。这里面是个比喻，水火既济，那么这个阴阳之间的沟通运转很重要。

再一个，丹家称坎中阳是戊土，离中阴是己土，水火既济就是流戊归己，这个就更有意思了，应该说比中医说的引火归元要更准确一些，那个太具象了，反而容易误解。

这句话我们粗暴一点的去翻译一下：就是通过真意使先天炁、后天炁在任督二脉中运行，督升任降，大转任督，内丹得成。《悟真篇》云："离坎若还无戊己，虽合四象不成丹。"也是这个意思。

我们再来说陆羽的"体均五行"，这个五行和谐的运化，当然可以是一般中医的理解。但是如果这句话刻在鼎上，那我们就明白，这是在讲丹道的内容。外丹有五行不讲了，内丹也有五行，"东魂之木、西魄之金、南神之火、北精之水、中意之土"，而这里面最核心的内容就是前面说的水火既济。以形神占坎离两卦，这样五行相生，就运转起来了。

"唯觉两腋习习清风生"

说到这里，按惯例我们还要问问，这个是不是我们想多了？前面我们讲了陆羽和易学的渊源。其实，茶和道家也是密不可分的。我们都听说过卢仝的七碗茶诗：

"一碗喉吻润，

两碗破孤闷。

三碗搜枯肠，唯有文字五千卷。

四碗发轻汗，平生不平事，尽向毛孔散。

五碗肌骨清，

六碗通仙灵，

七碗吃不得也，唯觉两腋习习清风生。"

很多人说，这是文学描述，很好很夸张。其实还不是这样，这里面代表了中唐时代对茶对人体作用的一种普遍认识。我们来看《茶经》，里面有几个道家人物的发言。我们引两个看看。

一个是陶弘景《杂录》：

"苦茶轻身换骨，昔丹丘子、黄山君服之。"

一个是壶居士《食忌》：

"苦茶久食，羽化；与韭同食，令人体重。"

陶隐居大家知道，本身就是丹道的大师，也是大医家，他的话自有来由。壶居士是神仙，神仙没法考证，但是他有个不及格的学生，叫费长房，这是东汉时候的人，也和丹道有关。

丹丘子，有人说是一个泛称，也有人说就是道家祖师葛玄，那就又不得了了，丹道的大祖师。黄山君，是修炼长生之术的仙人，和彭祖这一系渊源很深。

这些丹道家说：茶能令人轻身换骨，乃至羽化。那卢仝说什么"肌骨清""通仙灵""两腋习习清风生"就不是信口胡编的，而是有来源的。那么茶是怎么发生这些作用的呢？

这就不是诗人所能解决的问题了，那是要由丹道的整个系统来诠释的。

当时明月在

综合以上的论述，聪明人可能已经发现了端倪，此处也不妨点破：茶其实就是阴阳沟通与转化的中枢。用好了，不仅可以保健身心，而且可以开发生命本有的潜能，窥见古人所说的生命奥义。用不好，其实也会产生弊端，因为这个中枢如此关键，轻易开启，盲目乱用，是存在危险的。

最简单的一个例子，茶在沟通阴阳方面能起到奇特的功用，但是如果你自己完全是盲目的，只是贪执身体表面的快感，放纵无度，那么恰恰茶过食就会伤脾，而伤脾之后的结果，恰恰是中焦虚冷，寒中瘠气，阴阳相隔，。不信你去问很多过量饮茶的人，开店整天喝茶的人，了解一下是身体什么情况，再回来重新看一遍这篇文章，相信你会恍然大悟。

当然具体作用于人身的效果，还是要看茶的工艺，喝茶的方法，怎样才能有益无害，又如何与我们身心的修行结合，茶道的奥妙也就蕴含在其中。这里就不展开了，后面会有专著来谈。

自然之道就是如此奇妙，此消彼长，生克循环，古人所参悟的，就是以更高的见地来统摄之，善用之，唯是如此，方能

"体均五行去百疾"。

以易理来观天下，我们看到的是圣人之道；以易理来观自身，我们看到的是中医和丹道；那么如果我们用易理来看我们周围的小环境与大环境，这个就是风水。

"竹炉汤沸火初红"

不是所有的风水流派都重视易理，但是在理气派的一些技术中，易理还是十分重要的。我们不讲具体的技术，那样争议比较大，大部分我也不是很相信，也不是我的兴趣所在，我们讲一讲大的方面，开阔一下大家的思路。

有一本风水书叫做《阳宅三要》，哪三要呢，门，主，灶。也就是大门，主卧，和灶。这个灶为什么重要呢？我们从理气的解释来看，灶一生火，整个风水格局必然有一个运转变化，这个力量很大。我们每天做三顿饭，有的人经常在外面吃，那就说不上了。对于有的茶友来说，一天烧水也好，煮茶也好，可能不止三次。那这个烧水煮茶的地方很重要，可能比厨房的灶还重要。再一个，很多人大部分时间在办公室，你说在办公室煮饭烧菜不像话，但是很多人有条件在办公室烧水煮茶。这个也是我们可以主动运用风水的一例。

先不说复杂的风水技术，我们到一个有煮茶炉的小房间，会感觉很舒服，很温暖，让人不想走，这种感觉就很重要啊。

还别说这样的房间，就是读到一句诗"竹炉汤沸火初红"，你都觉得很舒服，这种联想暗示都有这么大力量。不管这个风水的道理，把我们的空间布置得很舒服，让我们心情愉悦，不是很好的事情吗？

为什么这句诗能让我们感觉那么舒服呢？因为现代这个社会表面上看很浮躁，很热恼。而内里看却冷冰冰，人和人之间无形中隔着很多东西，所谓水火未济，就是这样。一个茶灶，或者炉子，我们不要小看它，善用它就会给我们自身带来改变。火一动，风一起，水一沸腾，整个环境就发生了变化，我们若是有心人，自然身心的状态也会受到暗示。如果再能用丹道的知识去玩味体会，就更有意思了。

其实最大的风水莫过于人心，我在这里东扯西扯，是不忍生活的枯燥，不忍文化的衰微，如果大家能由文化的美好而于日常生活之中别开一片天地，甚而关注我们的内心，那所谓茶道才有其价值吧。

陆羽：从笑
话到神话

真的是一个笑话

天宝初年（742）

大唐盛世正划过他群星璀璨的顶点。江汉一带，一个走江湖的草台戏班，迎来了一个流浪少年。

貌丑，衣衫褴褛，营养不良，而且还有口吃。名字很奇怪，叫"疾"——就是有病；字也配合，叫"季疵"——还是有毛病。

小磕巴好像还挺会搞笑，班主就收留了他，陆疾有了一口饭吃。说他搞笑，可他平时一本正经，所有的零赏钱，从不乱用，都换了纸笔，没事儿就在那写。

"小磕巴，你写啥呢？"别人好奇地问。

他从不回答，不知不觉，一年过去，写了也有厚厚一摞。

一天，有个识字的班友实在闲得无聊，趁陆疾外出，翻出来一看，题目是：《论脱口秀演员的自我修养》（"著《诙谐》万言"一作《谑谈》，一作《谈笑》——《唐才子传》《文苑英华》）

这小磕巴不是疯了吧，十来岁的孩子写这个？

戏班里的人都围过来看。"小磕巴写书？太逗了，他字能认识几个？""俺们这行里哪有写书的？皇上梨园里的人还没说写书，他就敢写书？逗死我了……"

赶回来的陆疾看着乐成一锅粥的戏班和弄乱的书稿，脸涨得通红，张了半天嘴，却说不出一个字儿——更磕巴了。

班主过来对众人说："你们一天就知道瞎胡闹，啊，你看看人家，你们赶紧给我排练去。"闹剧平息，书稿还给了陆疾。

班主转回身去，也禁不住笑出了声："《论脱口秀演员的自我修养》，真有意思。"

生于开元，落魄天宝，那是什么时代，那是唐王朝最辉煌的时代，光是诗人就能撑起半个文学史，随便拎出来一个就传颂千年。我们的主人公却是如此境遇，毫无希望的少年时代，读史至此，怎不慨叹。

都说人生不要输在起跑线上，可人生来起跑线就差得十万八千里，陆羽的起点不是零，而是负八千。生为孤儿，被寺院收养，无力上学不说，想看书却受尽阻挠，日日苦工还挨揍，逃出来流浪江湖，举目无亲，投靠无门，衣不遮体、食不果腹、相貌丑陋、性格执拗，一丁点儿都不讨喜，身体有点小毛病，还有，还是个结巴。上天太不眷顾这个少年了，任何一样优势都不占。起点不是负值是什么？

那些人的嘲笑不是没有道理，这样的起点还想著书传世，这不是个笑话是什么？

唯一机遇

天宝五年（746）

一个小官吏告诉班主："接下来有一场大活儿了，我们太守爷要看演出，你们可得准备好了，新来的太守爷原来可是京城的大老爷，演好了重重有赏。对了，一定让你们那个小磕巴挑大梁，他太逗了。"

演出开始了，开始不过是那些俗套乡哩，李太守听得乏味。轮到小镇脱口秀明星陆疾了，奇怪，他说的段子和往日大有不同，没有模仿残疾人，没有黄段子，说了半天，班子里的人听得似懂非懂。就看太守李齐物喜笑颜开，和左右幕僚轻声交谈，还不时鼓掌叫好。

咋回事儿？

"小伙子，你叫什么名字？"

"我叫陆羽，字鸿渐。"

什么？他不是叫"有病"吗？戏班和看热闹的群众都傻了眼。（"汉沔之俗亦异焉"《陆文学自传》）

"哦，怎么讲？"李太守笑着问他。

"鸿渐于陆，其羽可用为仪。"

"好，好名字！"太守更加赞叹，对左右的幕僚说："这么小年纪知《易》，这是个好苗子啊，应该好好培养培养。"

陆羽完成了人生第一次逆袭，那是他十几年生命中唯一的机会，被贬的高官来到这个小地方，并不是常有的事儿，幸

国家博物馆藏五代白瓷陆羽像。

亏，他抓住了。

陆羽由李齐物推荐，到了当地学者天门山的邹夫子那里读书。读书，对陆羽来说，曾经是多么可望不可即的梦想，今天开始，他能安静地坐在一张书桌前了。

陆羽莫非是时来运转了？先是遇到了被贬的部长级高官李齐物，后来又是被贬的崔国辅，尤其是小崔，和老李的关照提携不一样，他和陆羽玩得到一起，经常诗文唱和，很是庆幸在这边远之地遇到了一位小诗友。

天宝十五年（756）

可惜这样的好日子没多久，渔阳鼙鼓动地来，安史之乱爆发了，大唐天子都逃难去了，陆羽有什么好说的，再一次变成难民，过江，继续流浪。

皎然

　　幸运的是，在湖州，陆羽遇到了名僧皎然。

　　皎然在诗坛已有声名，出身世家，交游甚广，而且他还喜欢茶。

　　陆羽也喜欢茶，但之前陆羽的玩法儿，跟皎然是没法比的。顶级的茶都是在寺院里玩的，携江东名刹数百年茶文化积淀，皎然出手自然和荆渝一带的民间玩法大不一样，每一件东西都大有来头。陆羽大开眼界，也尝到了之前从未尝过的各地名茶。

　　陆羽看到皎然在写茶书，对皎然说："我也要写一本。"

　　"行啊，有什么不知道的，我告诉你。"

　　皎然当然是很大度，更重要的是，皎然心目中，第一是佛法，第二是诗文，茶这个东西，小娱乐而已。难道谁还能以茶传世吗？

著书

上元元年（760）

　　陆羽开始读书、写书。那一年是上元元年，他二十八岁。一年多以后，书写成了。不是一本，而是："《君臣契》三卷，《源解》三十卷，《江表四姓谱》八卷，《南北人物志》十卷，

《吴兴历官记》三卷，《湖州刺史记》一卷，《茶经》三卷，《占梦》上、中、下三卷。"这些都是大部头著作，零散诗赋不算。

这里面有训诂、有政论、有人物志、有地理志、有阴阳术数、当然还有茶。一年多？现代的研究者惊了，这不可能，记载有误。但我信，陆文学自传里面他自己说的。自传的真实性，从占三分之一的童年经历就能看出，这不是外人写的，童年经历对他来说，太过刻骨铭心，比后来的交游唱和要难忘的多。

而且，还有一个证明，后来颜真卿颜鲁公请陆羽去编《韵海镜源》。颜真卿是什么人，最为正直严谨。你以为没有几本有分量的著作，颜真卿凭什么请陆羽这样一个江湖野人呢？

陆羽的《茶经》写法和同时代的人大不一样，这里面没有诗词歌赋，没有堆砌辞藻，他要和真相死磕！每个工具、每个产地、每个典故、每个细节……写书写得疯疯癫癫，有时候大笑，有时大哭（《陆文学自传》）。用情至深，却一个字的废话都没有，甚为难得。

惊世PK

时代就是这么奇怪，其他书没人关注，茶书倒是为陆羽带来一点小名气。

广德二年（764）

御史大夫李季卿到江南了，接待方得准备个节目。李季卿说，你们江南茶事这么兴盛，找两个茶人来助助兴嘛。

真的找了两个茶人：第一个常伯熊，闪亮登场。

鲜衣华服，全套家伙事儿，举手投足都那么优雅，每个动作都精雕细琢。

"这是晓芳窑的杯子，这是龙文堂的铁壶，这是专门找名手定做的炉子。"常伯熊谈笑自若。嘿，连拴在夹炭用的筷子上的链子都那么精美。

"这个筷子为什么用银的呢？"李季卿好奇地问。

"那是因为活血化瘀理气止痛滋阴壮阳此处省略五百字……"

"那你分茶的手法这么一抖？"

"那是为了让茶吸收天地日月精华融五行于一体此处省略一千字……"

"好！"

"赏！厚赏！这才叫茶文化！"

轮到陆羽了。

陆羽穿得这么随便，跟个樵夫差不多，说好的"茶服"呢？（"鸿渐身衣野服，随茶具而入"《封氏闻见记》）

炉子做成鼎的形状，玩的是哪门子茶道？（《茶经》）

你用的这个火筷子不就是老百姓家里用的吗？

还有那个瓢，简直太不上档次了，好赖也得刻点什么呀。

半天没有一句话，和头头是道的常伯熊差了十个朱雀大街。

李季卿没有用正眼看陆羽，让下人随便给陆羽点赏钱打发了。

陆羽收拾东西出来，仰天长叹，写了一篇文章，就叫《毁茶论》。

后世学者都以为陆羽的《毁茶论》是毁他自己的茶，其实他说的是，你们这么玩才真正是"毁茶"！

李季卿不知道，常伯熊不知道，很多人都不知道，陆羽的美学在日本八百年后才有人明白过味儿来，那个人叫千利休，搞成了侘寂，成为日本茶道的祖师爷。

陆羽那个简陋的鼎里面装的不光是炭，是周易，是儒家，是丹道，是中医，是风水，那才是整个的中国文化！不仅常伯熊李季卿不知道，现在人们依然不知道！（参见拙文《茶经的秘密》）

而茶是不用说那么多话的，茶是用心来喝的。

陆羽怅然而去。李季卿听说这背后有这么多说法，又去找陆羽回来。这次大家不敢谈茶文化，玩一件技术活儿——试水。（载《煎茶水记》《太平广记》）

陆羽来了。

李季卿说："听说你们这儿扬子江心水最好，我派人去打了几十罐。你帮我品品。"

陆羽拿个小木勺，开始品水。

"这些都不是南零的水，是岸边的。"他淡淡地说，手没有停下。

李季卿大惊："不可能，我专门派人去弄的。怎么可能有错！"

"别着急。"陆羽冲他一笑："从这罐开始，就是江心水了。"

这时候旁边扑通一声，一个人跪下了。

"李大人，小人打水到岸边不小心洒了一些，装了几罐岸边水。陆先生真神人也！"

李季卿开始折服，请教陆羽天下水的优劣……

陆羽一笑，没办法，对于没文化的人，技术说话。

李季兰

大历十年（775）

接下来的日子，陆羽好过多了，接了颜真卿编书的活儿，结交了很多文人雅士，时常和诗友唱和，日子也不那么窘迫。可是一个人生病的消息还是让他难以释怀，他要去苏州看看。这个人又带一个"季"字，不是李季卿，而是李季兰——李冶。

今世的学者为了吸引眼球给陆羽和李季兰编了很多莫名其妙的狗血故事。实际上真相是什么？

真相是，陆羽或有倾慕，李冶绝无此意！

李季兰是什么人？有唐一代排名第一的女诗人，不仅如此，容貌绝伦！交游的都是当时第一流的精英。

李季兰是女冠，女道士。女冠的身份，不过是给了女人一个自由发挥的空间，可以如胡愔那样潜心修道，成就仙果；也可以像鱼玄机那样，沉迷情欲，堕落风尘。李季兰都不是，她只是要用天赋英才去追寻属于她自己的幸福。

在李季兰的朋友圈，陆羽实在太不起眼。李季兰一个新作刚发朋友圈，从高官到当时第一流的诗人都纷纷点赞，陆羽有时候也会赞，但次数并不频繁。频不频繁不重要，李季兰压根没在意这个貌丑口吃的小兄弟。

李季兰喜欢的是风流倜傥的帅哥，而且不止一个，她有这个资本。姐追求的是这种快乐，有问题吗？

没有问题，女冠的身份让她游刃有余，情夫排成串，甚至直接喊老公都没问题，老公们神魂颠倒。（《俄藏敦煌文书》）

也有问题，因为，人是会老的。

"至近至远东西，至深至浅清溪。

至高至明日月，至亲至疏夫妻。"

只凭最后这六个字，李冶就足以写进文学史。恰恰因为看得太准，幸福就更易擦肩。

她家的老公纷纷离去，李冶用情最深的阎伯均头也不回地就走了。人世幸福已不可能，因为她是女冠；修仙学道心有不甘，因为她是李季兰。

李季兰老了，病了，或许都是一回事儿。陆羽来了。

李季兰一把拉过来，故人，不要说了，喝酒。（"偶然成一醉，此外更何之。"《湖上卧病喜陆羽至》）

有人说李季兰对陆羽有意，开什么玩笑，你看看那首诗，没有任何甜蜜回忆，没有任何期待，没有任何二人情感。从头到尾只是说，我郁闷，幸好你来了，过来，陪我喝酒。

酒是什么滋味？只有陆羽知道。

几年之后，终于又回到长安的德宗把李季兰招到宫中相见。一个五十岁的老太太，仍然美得让德宗心头一惊。（"俊媪"《唐才子传》）

德宗问她："你为什么给朱泚那个谋反之人写诗？"

李季兰没有回答，事情不是明摆着吗，他让人写谁敢不写。

德宗说："我也明白你是受迫，可是你可以学学人家严巨川，好赖表明一下身不由己啊。"

李季兰粲然一笑："因为朱将军待我甚好。"

德宗本无意非要杀李季兰，否则不必庭见，可是李季兰却无存活之念。皇帝给的台阶都不要，非要以死相见。不杀不行。（《奉天录》）

李季兰心中有太多的恨无法化解，对这个王朝，她已无留恋。

一生为墨客，几世作茶仙

大历十年（775）

陆羽也渐老了，长年的居无定所，说是考察山川，亦不过是聊以遣怀。终于在湖州要安个家了。几位朋友资助，在湖州城外置了一处"青塘别业"，亦不过小园半亩、茅屋几间。

真正考察了太多的茶，反而不想再写茶了。人们问起《茶经》，陆羽只是笑笑，年轻气盛写的东西，没什么。他不再对茶经做补充，只是不时地做一点评论和推荐。

有的时候，他的一句话，就搅动整个大唐的茶叶市场，拉动一方的经济。阳羡茶本来名气不大，陆羽和常州刺史说了一句"可荐于上"，阳羡紫笋就成了贡茶。他一句话拉动的可不是一年的经济，而是一千多年的经济。（《唐义兴县重修茶舍记》）

大历十才子之一的耿湋是陆羽的粉丝，给陆羽写诗第一句就是："一生为墨客，几世作茶仙？"陆羽摇摇头，我只不过是个混饭吃的野夫而已。

陆羽想起那一年他踌躇满志，铸的鼎上写着"伊公鼎、陆氏茶"六个字。那是要效法古圣伊尹，由茶道治国而名垂后世。可是，经略天下的志向亦不过是过眼云烟罢了。大唐还在，人心不古。

耿湋非要再客套吹捧几句陆羽访遗求逸的雅事，陆羽有意无意地回答，最后连应付的心情也没有了："兄弟，别再说

了，我真不是这样的人。"（"莫发搜歌意，予心或不然"《连句多暇赠陆三山人》）

耿湋并没有夸张，陆羽的确是真正的江湖雅士，依然穷困，也依然大方，看到崔子向家名画很多，就把自己收藏的王维真迹送给他。为啥非要留着，带着多累赘，给人家锦上添花不很好吗？（《韵语阳秋》）

又一部地理学著作《吴兴图经》写好了，陆羽却又离开了这片土地。

天下名士

贞元四年（788）

陆羽由洪州赴湖南、由湖南又赴岭南，都只为当幕僚，混口饭吃。

不过，陆羽已经成为天下名士了。

长安城的皇帝也听说了陆羽，下诏："陆羽拜太子文学，徙太常寺太祝。"（《新唐书》）

在诏书送到的那一刻，陆羽心头还是一颤。

太多少年时代的场景一闪而过。成名、传世，年少的自己就这一个念头，一年之间写了六十多卷书，三十出头就给自己写了自传。今天真的算是梦想实现了吗？可怎么一点高兴不起来呢？

他想起童年在寺院，积公上人摸着自己的头，期望自己成为佛门的龙象。可自己就是憋着一股劲儿，偏要读儒书，偏要学圣贤。回想起来，真不知谁对谁错。

那年听说积公上人圆寂，自己却哭得死去活来。

"不羡黄金盏，不羡白玉杯，

不羡朝入省，不羡暮登台，

千羡万羡西江水，曾向竟陵城下来。"

他想起自己在颜鲁公幕下，诗酒唱和，亦一时之盛也。颜鲁公是当世大儒，几年前却死在叛将李希烈军中。想那李希烈是什么人，皇上让颜鲁公去晓谕于他，明摆着是朝堂之上有小人陷害，派太师爷去送死啊。这样的大忠臣落得如此下场，不是礼崩乐坏是什么？自己的负鼎之志？在这个时代，不过是个笑话。

还有李季兰，当年风情万种，令人不敢正视的李季兰。为什么要去送死呢？朱泚有什么好，你躲起来不就行了，跟他扯上关系干什么？难道被权贵重视就那么重要吗？或许日渐老去的她拼命想要抓住什么？或许这是这个女人的宿命？

陆羽无法回答，在这一刻，恍惚之间他又听见智积禅师的声音："疵儿，有些道理，你现在莫要同我辩，等你长大了，慢慢就懂了。"

"鸿渐于陆，其羽可用为仪。"

天上的大雁呵，你落在岸边，不过是让人家拿你的羽毛，来装点门面而已。

陆羽最终辞谢了诏书。

我还是做我的江湖野夫吧，庙堂之上，哪里是我这种人待的地方。当个幕僚也是李大人（李复）对我比较照顾，让我这个闲人能混混日子，他笑着说。（读史至此，长吁一口气，若非如此，就不是陆鸿渐了。）

终归于释

陆羽不再访茶山，或许老了，走不动了。不再写书，也不能说不写，只要有高僧的传记需要动笔，他还是愿意的。（《宋高僧传·道标传、宝达传》）。

皎然也去世了，皎然当然实现了他的梦想，不仅大量诗文传世，成为诗僧翘楚；而且有诗论数篇，这可是南朝以来最重要的诗学著作了，足以名垂史册。可是皎然却时常慨叹，自己为诗名所累，几年前就把诗文付之一炬，一心参禅了。据说他走得很安详，得其所哉！

陆羽终日流连于山寺禅院之间。儿时曾经那么刺耳的梵呗经诵此时却那么入心。积公上人说的分毫不差，有些道理，你初看起来是那么对，可你越往里看，越虚无飘渺。有些道理，你初看起来不近人情，可越看下去越发觉，那才是真相。

什么致君尧舜，什么传世诗文，什么功名尘土。

"一切有为法，如梦幻泡影，如露亦如电，应作如是观。"

贞元二十年（804）

陆羽卒于湖州，无声无息。

后来

已在当时，陆鸿渐的名字就一再被提起，后来皮陆之流又对陆羽倍加推崇，中晚唐之后，陆羽几乎是名字在诗中被提及最多的人物。原因很简单，文人雅士离不开茶，而茶已经和陆羽这个人不能分开了——"自从陆羽生人间，人间相学事春茶。"

都说世界有三大茶书，没错，茶书有千万种，但《茶经》只有一本，来源于一个不到三十岁草根青年的著述。

历史上茶人数不胜数，茶圣只有一个。你问我为什么？因为他，茶不再只是一个路边摊上的小吃，而是一种高尚而深刻的文化追求，已经写入中国人的文化基因，表达于生活的每个角落。

当多少年后，有幸接触到这种神奇饮料的日本僧人、欧洲贵族、阿拉伯商旅，他们都有一种深深的震撼，那不仅是因为茶的芳香，那是饮茶方式带来的震撼，是一种对文明的由衷崇敬！从古以来，从未有哪种饮料，被如此优雅地品鉴过，被如此深情地赞美过，和整个东方深刻而温润的哲学浑然一体，时刻散发着睿智仁爱的光辉。这一切当然不是陆羽一人之功，但纵观整个历史，从文化传播影响的角度，谁又能和那个口吃貌丑的年轻人并列！

茶经

茶者，南方之嘉木也。其树如瓜芦，叶如栀子，花如白蔷薇，实如栟榈，蒂如丁香，根如胡桃。

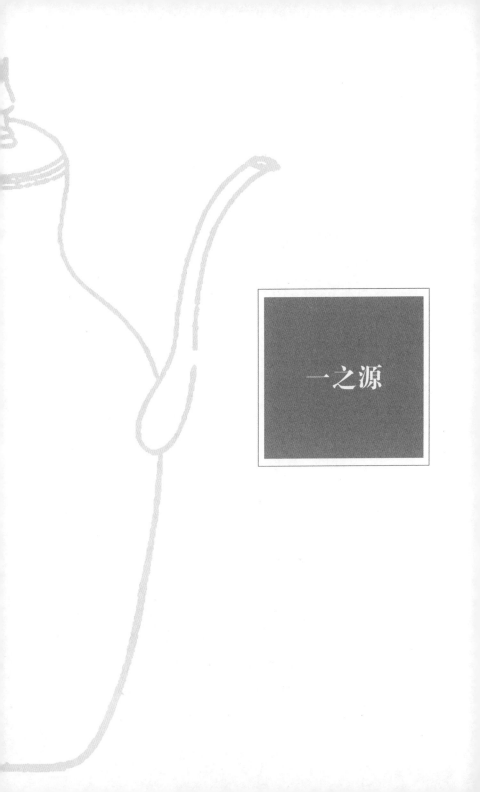

一之源

茶者，南方^[1]之嘉木^[2]也。一尺、二尺乃至数十尺^[3]。其巴山峡川^[4]，有两人合抱者^[5]，伐而掇之^[6]。其树如瓜芦^[7]，叶如栀子^[8]，花如白蔷薇^[9]，实如栟榈^[10]，蒂如丁香^[11]，根如胡桃^[12]。瓜芦木出广州^[13]，似茶，至苦涩。栟榈、蒲葵^[14]之属，其子似茶。胡桃与茶，根皆下孕^[15]，兆至瓦砾，苗木上抽^[16]。

---

[1] 南方：唐太宗时分天下为十道，玄宗时增为十五道，结合后文，此处的南方概指山南东道、山南西道、淮南道、江南东道、江南西道、黔中道、剑南道、岭南道等八道。

[2] 嘉：美好。

[3] 尺：此处唐尺约合今日30厘米。当时茶树高度从数十厘米至十数米不等。今日在云南普洱、临沧、版纳等地多有十数米的茶树，个别可达二三十米高。

[4] 巴山峡川：概指今重庆东部奉节至湖北西部宜昌一线。

[5] 两人合抱者：直径在1米以上，今日云南南部、西南部散布着这样的大茶树，高度和上文的上限接近。此种茶树的树龄至少在数百年乃至千年以上，也从侧面印证秦汉时期的茶树地理分布。

[6] 伐而掇之：伐，砍；掇，拾取、采摘。此处指对于此种野生大茶树，因不易采摘，当地山民用砍伐的破坏性方式来采

茶。前些年滇南及毗连其他国家的山区对于野生大茶树亦有此种破坏性的取茶方式，现在这种现象已随着对古茶树的重视而大为减少。

[7] 瓜芦：对于瓜芦有不同理解，瓜芦亦即皋芦，我国南方一种叶大而味苦之树木，有以为即是苦薏，亦称苦芋（苦丁），属冬青科之大叶冬青，非山茶科植物。亦有学者认为，此处皋芦为茶之一种。从语言学的角度，有学者认为，所谓"皋芦"是从西南地区早期对茶的称呼演化而来，是音译，此说似较为合理。这种称呼后来又和其他植物的称呼出现了混淆。

[8] 栀子：茜草科常绿灌木或小乔木。

[9] 白蔷薇：蔷薇科落叶灌木，所开白花与茶花相似。

[10] 栟榈：即棕榈科之棕榈树。

[11] 蒂如丁香："蒂"字其他版本有作"茎""叶""蕊"等，蒂和茎皆可说通，叶、蕊则不当。丁香，即桃金娘科之丁香。

[12] 胡桃：胡桃科之胡桃。

[13] 广州：陆羽时代广州为岭南道治所，范围大概为今日广东省中南部地区。

[14] 蒲葵：棕榈科常绿乔木。

[15] 下孕：向下发育生长。

[16] 兆至瓦砾，苗木上抽：此处所指未详。一般说来，茶树伴随根系的伸展，地上的苗木会上抽与分枝，地上与地下是相辅相成的。兆，有裂开之义，或指根之分裂，或指根生长令土裂开。瓦砾，一说指硬土层。

其字，或从草，或从木，或草木并。从草，当作"茶"，其字出《开元文字音义》[17]；从木，当作"槚"，其字出《本草》[18]；草木并，作"荼"，其字出《尔雅》[19]。

其名，一曰茶，二曰槚[20]，三曰蔎[21]，四曰茗[22]，五曰荈[23]。周公云[24]："槚，苦荼。"扬执戟[25]云："蜀西南人谓茶曰蔎。"郭弘农[26]云："早取为茶，晚取为茗，或一曰荈耳。"[27]

---

[17]《开元文字音义》：唐玄宗开元二十三年（735）编成的一部字书，今已佚，个别文字存于后代其他书籍中。此文说明在陆羽之前，茶字已经进入官修字书中。

[18]《本草》：此处本草指唐代李勣、苏敬等人所撰的《新修本草》（后称《唐本草》），今佚，存部分残卷。

[19]《尔雅》：我国第一部字书，约成书于战国末年至汉初。现存共19篇，解释字义词义及各类名物，列入儒家经典"十三经"之中。

[20] 槚：音 jiǎ，《尔雅·释木》槚，苦荼。槚字本指树木，后来借用指茶，借用的原因，可能与茶在土著山民中的发音有关。

[21] 蔎：音 shè，本指香草，亦指茶，可能是因为茶之香气。不过下文扬雄《方言》："蜀西南人谓茶曰蔎。"说明蔎可能是从古蜀语发音而来，用此字来代指茶。

[22] 茗：三国吴陆玑《毛诗草木鸟兽虫鱼疏》："蜀人作茶，吴人作茗，皆合煮其叶以为香。"茗字似乎是长江中下游

地区先民对茶的称呼，不过实际上茗和其他几个名词的用法多有混淆。

[23] 荈：音chuǎn，《玉篇》：荈：茶叶老者。荈和茗一样，是专门指代茶的字，而非借用字。但也有学者认为，荈是由"荈诧"（司马相如《凡将篇》）省略而来，而荈诧来源于对土著民族发音的音译。

[24] 周公云：古人认为《尔雅》是周公所作。

[25] 杨执戟：指西汉学者、辞赋家扬雄（公元前53年—公元18年），字子云，曾任黄门郎，故称"执戟"。三国魏曹植《与杨德祖书》："昔杨子云先朝执戟之臣耳，犹称壮夫不为也。"

[26] 郭弘农：指两晋时期大学者、易学术数大家郭璞（276—324），博闻多识，诗赋亦佳。被杀后追封弘农太守，故称郭弘农。

[27] 此段引文来自郭璞的《尔雅》注。

其地，上者生烂石[28]，中者生砾壤[29]，下者生黄土[30]。凡艺而不实[31]，植而罕茂[32]。法如种瓜[33]，三岁可采。野者上，园者次[34]；阳崖阴林[35]；紫者上，绿者次[36]；笋者上，牙者次[37]；叶卷上，叶舒次[38]。阴山坡谷者，不堪采掇[39]，性凝滞[40]，结瘕疾[41]。

［28］烂石：此处指山石经过长期风化与自然冲刷，碎石缝隙形成的富含矿物质与腐殖质的土壤，肥力较高，通气孔隙多，排水亦好。

［29］砾壤：指砾质土壤，含有部分碎石砂砾，含腐殖质不多，排水透气性较好。

［30］黄土：指黏度较高的黄壤，底土有粘盘层或硬盘层，影响茶树根系伸展，且通气性较差，肥力不高。

［31］艺而不实：艺，种植。艺而不实，有多种解释，有理解为栽培扎实、结（果）实、土壤压实等等，都不太可靠。其中有二种解释较能说通，一种是栽培（艺）的茶相比较于野生的茶，结实较少，故称"艺而不实"。另一种解释是"凡艺而不实"指如果不用实生的方式种植，而用移植方式的话，就会"植而罕茂。"

［32］植而罕茂：植此处概指移植、移栽。我国古代认为茶移植不宜成活，陆羽之后渐渐传为不可移栽。明郎瑛《七修类稿》："种茶下子，不可移植，移植则不复生也。故女子受聘，谓之吃茶。"即是说茶不可移植的特性引发形成了婚礼中的"吃茶"习俗，寓意从一而终。

［33］法如种瓜：中国古代种瓜之法可参见北魏贾思勰《齐民要术》卷二《种瓜》。成书于唐末五代的《四时纂要》对当时的种茶之法有所记载。

［34］野者上，园者次：这里所说的可以指自然环境：山野中的茶要好于园地茶；亦可指野生茶要好于茶园种植的茶。当

然这里所说的野生茶，并不是指生物学意义上的品种上的野生茶，而是长于山野无人照看的茶。

[35] 阳崖阴林：或以为此处指向阳的山崖上有树木遮蔽之地。但从古文的行文习惯来看，此处应指向阳的山崖，或者有树木遮蔽的林地。宋黄儒《品茶要录》："植产之地，崖必阳，圃必阴。盖石之性寒，其叶抑以瘠，其味疏以薄，必资阳和以发之；土之性敷，其叶疏以暴，其味强以肆，必资荫以节之。"这是从阴阳相济的角度来看种茶的选地。山地海拔高，较为寒冷，且日照时间有限，适于阳光照射较为充足的阳面。而平地本身日晒充足，需要有林木遮阴调节。这些现在仍然是适用的。

[36] 紫者上，绿者次：此条有诸多不同理解，现取较为合理的两种：一种说法如吴觉农《茶经》述评：唐时制茶无发酵之法，依蒸青制法，紫茶之苦涩较适于当时的饮用习惯。另一种说法来自对顾渚等茶区的考察：古代自然杂交的群体种新梢萌发初期茶芽尖端呈紫色者，品质较好；而新梢成长后期茶芽紫色较少，转为绿色，嫩度较差。今日有些群体种中仍可见此现象。

[37] 笋者上，牙者次：笋者，指茶芽肥壮如竹笋者；牙者，大多理解为芽者，指相对细弱的茶芽。又因《茶经》中牙、芽并用。故此处牙亦有人理解为如牙齿之上下对生之形，如茶之夹叶，亦可说通。

[38] 叶卷上，叶舒次：新叶初展叶缘背卷是某些良种的特征，而嫩叶初展即平往往叶质硬脆，品质较差。

[39] 阴山坡谷者，不堪采掇：生长在山阴谷地的茶因为缺少日
　　　照，叶小质薄，品质较差。

[40] 凝滞：凝结积滞。

[41] 瘕疾：瘕音 jiǎ，腹中结块的病。《素问·大奇论》马莳
　　　注"瘕"字曰："瘕者，假也。块似有形，而隐见不常，
　　　故曰瘕。"

　　茶之为用，味至寒[42]，为饮最宜精行俭德[43]之人。若
热渴[44]、凝闷[45]、脑疼、目涩、四支烦[46]、百节[47]不
舒，聊四五啜[48]，与醍醐[49]、甘露[50]抗衡也。

　　采不时[51]，造不精，杂以卉莽[52]，饮之成疾，茶
为累[53]也。亦犹人参，上者生上党[54]，中者生百济、新
罗，下者生高丽[55]。有生泽州[56]、易州[57]、幽州[58]、
檀州[59]者，为药无效；况非此者？设服荠苨[60]，使六
疾[61]不瘳[62]，知人参为累，则茶累尽矣。

---

[42] 味至寒：寒，中药四气"寒、热、温、凉"之一，代表药的
　　　性质与功能，一般寒性的药材有清热、解毒、泻火、滋阴等
　　　作用。唐代对于茶的药性认识，有不同的观点，大部分认为
　　　性寒或微寒，但如陆羽所说的"至寒"的说法不多见。陆羽
　　　此言未必完全是中医的观念，也是文化上意蕴。关于茶在中
　　　医药性方面的观点，亦有性温之说。尤其后代不同地区，不

同茶类，不同工艺出现之后，茶性温说日渐增多，代表性有普洱茶、武夷岩茶等等。

[43] 精行俭德：精行，指行为细致，注重品质；俭德，言自我约束，谦让有德。结合在一起有追求生活品质而又不务奢华之意，是茶之品格象征。

[44] 热渴：中医病症，指因实热而口渴。

[45] 凝闷：凝滞不畅。

[46] 四支烦：支同肢，烦，疲劳困乏。

[47] 百节：全身的骨节。

[48] 啜：喝，啜之本义。

[49] 醍醐：作酪时，上面凝结的油状物。是乳制品最为精华部分，佛教喻为最高妙的佛法智慧。

[50] 甘露：甜美雨露，喻为仙水。

[51] 采不时：采摘时节不合适。

[52] 卉莽：指杂草。

[53] 累：妨害。

[54] 上党：古郡名，唐时上党县属潞州府，在今山西省长治市。有学者认为古籍所记上党人参是今日的党参，但全面考察历史记载，历史上上党所在的太行山区应该是曾有人参出产的，并非是和党参混淆，而且一直被列为上品。明代李时珍的《本草纲目》对此仍然有所记载，但后来因为种种自然与人为的原因而灭绝了。

[55] 新罗、百济、高丽：曾经存在于今日朝鲜半岛的三个国家。就历史地名（隋）所指：高丽包括朝鲜半岛北部，含

辽东半岛大部，百济位于朝鲜半岛西南部，新罗则位于朝鲜半岛东南部。在陆羽时代，百济高丽已相继灭国，新罗占据朝鲜半岛大部。此处是据历史上的习惯所称。

［56］泽州：治所位于今日山西省晋城市。

［57］易州：治所位于今日河北省易县。

［58］幽州：治所位于今日北京市。

［59］檀州：治所位于今日北京密云区。此四州与茶无涉，只是举人参的例子，故只简3列治所，不详述沿革。

［60］荠苨：桔梗科，沙参属多年生草本植物。根可入药。略似人参。

［61］六疾：六种疾病：寒疾、热疾、末(四肢)疾、腹疾、惑疾、心疾；泛指各种疾病。

［62］瘳：chōu，病愈。

唐　长沙窑绿釉柄壶

唐　长沙窑龙耳褐斑执壶

唐　长沙窑青釉褐斑贴花执壶

唐　郏县窑双系壶

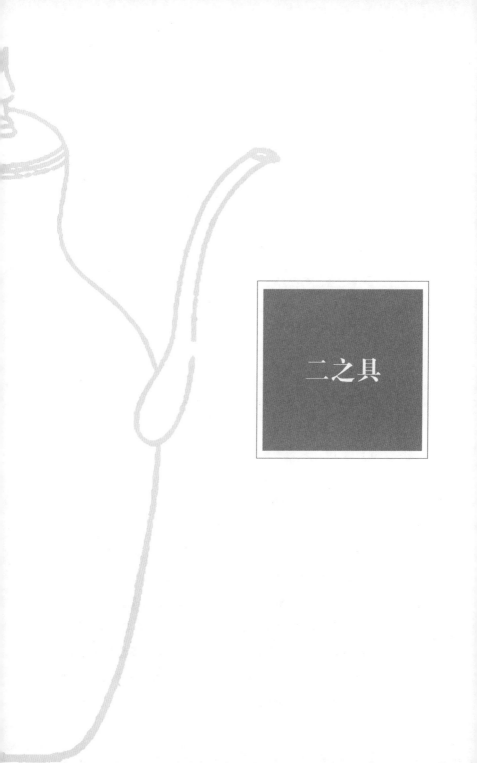

二之具

籯[1]加追反，一曰篮，一曰笼，一曰筥[2]，以竹织之，受五升[3]，或一斗、二斗、三斗[4]者，茶人负以采茶也。籯，《汉书》音盈，所谓"黄金满籯，不如一经[5]"。颜师古[6]云：籯，竹器也，受四升耳。

灶，无用突[7]者。釜[8]，用唇口[9]者。

---

[1]籯：同"籯"，音yíng。竹笼、竹筐。原注加追反，与今音不同。

[2]筥：音jǔ。盛物的圆形竹器。唐玄应《一切经音义》："筥，箱也。亦盛杯器笼曰筥。"

[3]升：唐时一升约合现在600毫升。

[4]斗：十升为一斗，约合今日6升。

[5]黄金满籯，不如一经：出《汉书·韦贤传》，韦贤少子玄成以明经位至丞相，故邹鲁一带当时有此民谚。

[6]颜师古：(581—645)，唐初学者，训诂家，名籀，以字行。京兆万年(今陕西西安)人。此文出《汉书注》，是其重要著作。

[7]突：指烟囱。唐茶灶不用烟囱，唐陆龟蒙《茶灶》诗题注："《经》云：'茶灶无突'。"诗中有"无突抱轻岚，有烟映初旭"句。为何不用烟囱，有些研究者认为是为了防止热量散

失。烟囱对于柴灶既有促进燃烧的作用，同时也可能导致热量
流失，对于简易的柴灶来说，可能后者的影响更大。

[8] 釜：炊器，类似今日之锅。此处是作为蒸青用。

[9] 唇口：口沿外翻。

甑[10]，或木或瓦，匪腰而泥[11]，篮以箅之[12]，篾
以系之[13]。始其蒸也，入乎箅；既其熟也，出乎箅[14]。釜
涸，注于甑中[15]。甑不带而泥之[16]。又以糓木枝三亚[17]者
制之，散所蒸牙笋并叶，畏流其膏[18]。

---

[10] 甑：音zèng，古代蒸器。底部有透气的孔格，置于鬲上，类
似于今日蒸屉。这里是蒸青时置于釜上。

[11] 匪腰而泥：匪腰，不要有腰的。有的甑是中间大而上下
小，此处用的甑是圆筒形的。泥之：用泥封住（甑与釜相
接的部分）。这样可以提高蒸汽的压力，提高热效率。

[12] 篮以箅之：用蓝当作蒸笼放在甑里面（盛茶）。箅，音
bǐ，小笼。

[13] 篾以系之：用篾来系着（箅）。篾，长条的细竹片。

[14] 此处可有不同理解。入乎箅，可以理解成把（装了茶的）箅
放进（甑）去，也可以理解成（把茶）放到箅上。从行文习
惯上看，大概为前者，即指拿入拿出是通过箅完成的。

[15] 此段话是说，如果下面的釜干了，可以从上面的甑上注

水。（通过甑下面的孔格流到釜中，因为釜口与甑衔接的部分已经用泥封住了。）

[16] 不带而泥之：这里说的是甑不用带系而是用泥封。

[17] 縠木枝三亚：亚，亦作桠，枝杈、分叉。縠木，桑科植物，亦称构树、楮树。木质无异味且韧性大。皮可制纸，叶、实、根等可入药。

[18] 此段是说用縠木叉把蒸的芽、笋、叶摊开，避免汁液的流失。在蒸青过程中随着温度增高，芽叶会流汁粘连，从而进一步增高温度，加速汁液流失。摊晾可以避免蒸青过熟导致的黄变。

杵臼，一曰碓[19]，惟恒用者佳[20]。

规，一曰模，一曰棬，以铁制之，或圆，或方，或花[21]。

承，一曰台，一曰砧，以石为之。不然，以槐桑木半埋地中，遣无所摇动[22]。

檐，一曰衣，以油绢或雨衫、单服败者为之[23]。以檐置承上，又以规置檐上，以造茶也。茶成，举而易之[24]。

芘[25]莉音杷离，一曰篯子，一曰篣筤[26]。以二小竹，长三尺，躯二尺五寸，柄五寸。以篾织，方眼，如圃人土罗[27]，阔二尺以列茶也[28]。

棨[29]，一曰锥刀。柄以坚木为之，用穿茶也。

扑[30]，一曰鞭。以竹为之，穿茶以解[31]茶也。

［19］碓：舂具，一般用木杵石臼。

［20］惟恒用者佳：对于舂具，没有什么特别要求，就是以经常使用的为好。（杵臼因为经常使用，表面经常接触茶叶物质形成包浆膜，可以避免物质流失和异味影响。）

［21］规、模、棬：指的是做茶的模具，铁制，有不同形状样式。棬，音quān。

［22］承、台、砧：是用来承载的器物，类似砧板或操作台。可以用石头做，如果要用槐桑一类的木墩的话，就需要半埋入地中，以免制茶时晃动。遣：使、令。

［23］檐、衣：铺垫在"承"上的布，规在其上制茶。檐，yán，指物下覆，四面冒出的边缘。（或作襜，音chān，围裙，一作衣袖）。油绢，涂过油的绢布；雨衫，雨衣。二者都有一定防水性能，油绢也用来做雨衣。单服，单衣。

［24］举而易之：拿起来更换。

［25］芘：今音bí，与《茶经》注音不同。

［26］莛筤：莛，音péng，筤，音láng。

［27］圃人土罗：种菜的人筛土的器具。

［28］这里说的是一种竹制的摊放茶叶的器具。

［29］棨：音qǐ，古时指一种木质的符信，作为通关的凭证。这里是指在饼茶中间穿孔的工具。

［30］扑：古代一种类似鞭子的体罚用具。这里是把茶串起来搬运的竹条。

［31］解：运送、搬运。

唐　花岗岩石茶具一组十二件

唐　铁釜

唐　花岗岩石茶具一组十二件

唐　银鎏金茶笼

唐　金银丝结条笼子

盖顶金银丝浮屠

笼盖

兽面形笼足

焙[32]，凿地深二尺，阔二尺五寸，长一丈。上作短墙，高二尺，泥之。

贯[33]，削竹为之，长二尺五寸，以贯茶焙之。

棚，一曰栈[34]。以木构于焙上，编木两层，高一尺，以焙茶也。茶之半干，升下棚；全干，升上棚[35]。

穿音钏，江东、淮南[36]剖竹为之。巴川峡山[37]纫榖皮[38]为之。江东以一斤[39]为上穿，半斤为中穿，四两五两为小穿。峡中[40]以一百二十斤为上穿，八十斤为中穿，五十斤为小穿[41]。穿字旧作钗钏之"钏"字，或作贯串。今则不然，如磨、扇、弹、钻、缝五字，文以平声书之，义以去声呼之；其字以穿名之[42]。

育，以木制之，以竹编之，以纸糊之。中有隔，上有覆，下有床[43]，傍有门，掩一扇。中置一器，贮煻煨火[44]，令煴煴然[45]。江南梅雨时，焚之以火[46]。育者，以其藏养为名。

---

[32] 焙：这里指一种用来烘茶的设施。茶经过以上加工，含水率仍较高，不利保存，需要烘干。

[33] 贯：这里指把茶串起来放到焙上烘的竹条，和扑不同，扑是细软的竹条，贯是粗硬的竹棍，故称"削竹为之"。

[34] 栈：竹木编成的遮蔽物。

[35] 此处的意思是茶半干时放在棚的下面（温度高）；而当茶全干时放在棚的上面（以免焙火过度）。

[36] 江东、淮南：江东，指江南东道，辖今江苏南部、上海、浙

江、福建全境及安徽徽州地区。亦泛指长江下游南岸地区；
淮南，淮南道，淮河以南，长江以北，应山、汉阳以东的江淮
地区，辖今江苏中部、安徽中部、湖北东北部和河南东南部。

［37］巴川峡山：和前文巴山峡川所指范围类似，今重庆东部至
湖北西部长江沿岸地区。

［38］紉榖皮：榖皮，榖木的皮，韧性较大；紉，搓绳。

［39］一斤：唐代一斤（大斤）约合今日680克。十六两为一斤。

［40］峡中：指巫峡附近的长江沿岸，亦泛指三峡地区，此处概
为后者。

［41］何以长江上下游对茶的计量差异如此之大？概下游之
"穿"为零售计量单位，上游为批发计量单位。

［42］此段意指"磨、扇、弹、钻、缝"五个字，在书面作为动
词是平声，而（以名词）表达字义称念的时候是去声。用
"穿"字也是这个意思。实际上，唐人记载中茶的计量用
"串"字的例子很多，"穿"字反倒没那么多。

［43］床：指放东西的平板或架子。

［44］贮塘煨火：存留带火的灰。贮，积存；塘煨火，指尚带有
火的热灰。

［45］煴煴然：火小无焰，煴，音yūn。

［46］这里的育和前面茶叶加工过程中烘茶的焙、棚不同，是
平时除湿保持茶叶干燥的设施，所以不用温度太高，只
用灰中火除湿干燥。而当梅雨季节，湿度过大，就需要
用火了。

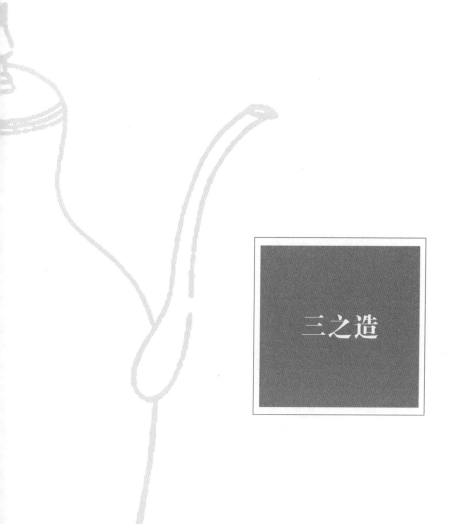

三之造

凡采茶在二月、三月、四月之间[1]。

茶之笋者，生烂石沃土，长四五寸[2]，若薇、蕨[3]始抽，凌露[4]采焉。茶之牙者，发于丛薄[5]之上，有三枝、四枝、五枝者，选其中枝颖拔[6]者采焉。其日有雨不采，晴有云不采，晴，采。蒸之，捣之，拍之，焙之，穿之，封之，茶之干矣[7]。

---

[1]唐历与今日农历差别不大。古代采茶时间根据地域不同而有
　　差别，较早的如北苑在惊蛰春分前后即采，亦有茶区在清明
　　前后（称火前、火后），谷雨前后（称雨前、雨后），较晚
　　的至立夏之后。基本都在二三四月，明代之前较罕见采摘秋
　　茶的记载。

[2]寸：唐代一寸约合今日3厘米，参见《一之源》唐尺条。
　　这里指的是新梢的长度，不是笋状芽的长度。

[3]薇、蕨：薇，野菜名，又名野豌豆。蕨，蕨类植物。这两种
　　草本植物都是羽状复叶，新叶萌发时呈卷曲状，用来比喻新
　　抽芽的茶叶。

[4]凌露：趁着露水。凌，迎着、侵犯。茶叶究竟是趁着有露水时
　　采，还是等日出露水干了采，古人说法不一，与茶叶的老嫩及

加工工艺有关。现在仍有地区在采摘较嫩的茶芽制作绿茶时用带露的采法，而更多的情况下则是露水干了之后更为适合。

[5] 丛薄：此处为薄的本义，草木丛生处。

[6] 颖拔：超出其他（枝）的。这一段讲，生长在草丛之中的茶芽与烂石中的茶笋不同（前面提到笋者上、牙者次），在数枝新梢之中选择长势好、超出其他枝的来采。

[7] 此段对应前面《二之具》中提到的制茶工序。其中"封之"对应后面所说"育"的藏养。

茶有千万状，卤莽[8]而言，如胡人靴[9]者，蹙缩然[10]京锥文[11]也；犎牛臆[12]者，廉襜然[13]；浮云出山者，轮囷然[14]；轻飙[15]拂水者，涵澹然[16]。有如陶家之子[17]，罗膏土以水澄泚[18]之谓澄泥也。又如新治地[19]者，遇暴雨流潦之所经。此皆茶之精腴[20]。有如竹箨[21]者，枝干坚实，艰于蒸捣，故其形籭簁[22]然上离下师[23]。有如霜荷者，茎叶凋沮[24]，易其状貌[25]，故厥状[26]委萃[27]然。此皆茶之瘠老[28]者也。

---

[8] 卤莽：粗略的，不郑重的。

[9] 胡人靴：我国古代称北方和西域的少数民族为胡人，亦用来泛称外国人。穿靴的习惯来自胡人，隋唐时已普遍穿着，胡人靴尖头上翘，与茶芽类似。

［10］蹙缩然：皱缩的样子。

［11］京锥文：当时一种纹样，具体所指不详。若在两个字上任
意发挥，恐不妥，应该还是专有名词。

［12］犎牛臆：犎（fēng）牛，一种背上有肉隆起的野牛，臆，
胸部。

［13］廉襜然：廉襜，亦作廉幨，廉棱。《周礼·考工记·弓人》
"夫筋之所由幨，恒由此作。" 唐贾公彦疏："郑云：
'幨，绝起也'者，由绝起，则廉幨然也。"廉襜然，指牛
胸部一棱一棱的样子。

［14］轮囷然：盘曲茂。《文选·邹阳〈狱中上书自明〉》：
"蟠木根柢，轮囷离奇。" 李善 注引 张晏 曰："轮囷离
奇，委曲盘戾也。"囷（qūn），圆形的谷仓。

［15］轻飙：轻风。飙（biāo）大风。

［16］涵澹然：水激荡的样子。

［17］陶家之子：做陶器的人。

［18］罗膏土以水澄泚：筛出细土用水澄结炼制，泚，音cǐ。

［19］治地：此处指平整土地。

［20］精腴：精华的、内含物质丰富的。腴，丰厚。

［21］竹箨：笋壳，箨，音tuò。

［22］籭簁：这两个字现在都读shāi，同筛，竹筛一类的器物。
这里是形容压饼之后的样子。

［23］上离下师：这是对这两个字的注音，和今音有所不同。

［24］凋沮：凋谢枯败。沮，败坏。

［25］易其状貌：（茶叶经过压饼）已经变形。

［26］厥状：它的样子。厥：其。

［27］委萃：枯萎凋零，萃，同悴。

［28］瘠老：老而内含物质贫乏。

　　自采至于封七经目[29]，自胡靴至霜荷八等[30]。或以光黑平正言嘉者，斯鉴之下也[31]；以皱黄坳垤[32]言佳者，鉴之次也[33]；若皆言嘉及皆言不嘉者[34]，鉴之上也。何者？出膏者光，含膏者皱[35]；宿制者则黑，日成者则黄[36]；蒸压则平正，纵之[37]则坳垤。此茶与草木叶一也[38]。茶之否臧[39]，存于口诀[40]。

---

［29］经目：此处指工序。从采摘到封藏是七道工序。

［30］八等：指上面从胡靴到霜荷的八个等级。

［31］此处是说光黑平正作为好茶的标准，是下等的鉴别方法。

［32］坳垤：ào dié，高低不平。

［33］鉴之次也：次一等的鉴别方法。

［34］皆言嘉及皆言不嘉者：全部说出好与不好之处。

［35］压出茶汁的就光亮，茶汁保存多的就皱缩。

［36］宿制者：指经夜制造的。日成者：当天制成的。

［37］纵之：指蒸压时压的不实。

［38］这是茶与其他草木叶都会出现的现象（并不说明茶的核心品质）。

［39］否臧：品评。

［40］口诀：这里指的是仅通过口耳相传的要诀（区别于书面的描述）。从前面叙述来看，陆羽并不认可简单依据外观的某个具体特征鉴别的方法，因为工艺上的细节可能影响很大，而这并不能真正代表茶的好坏，需要全面的来分析"嘉"与"不嘉"的具体成因。这一观点在今天仍有很大的借鉴意义，今日从国家审评标准到坊间的窍门，都未能充分重视鉴别的复杂性，大多数外观参数与茶的品质并无直接关系。遗憾的是当时陆羽的口诀内容如何今日已不可知。

唐　银卷草纹碗

唐　银执壶

唐 银缠枝花卉纹高足杯

唐 银局部鎏金鸟兽纹高足杯

唐 鎏金银龟盒

唐 鎏金人物画银香宝子

唐　鎏金莲瓣银茶托

唐　鹦鹉纹银壶

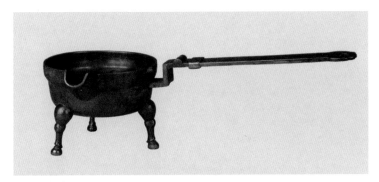

唐　折柄银铛

唐　双狮纹短柄金铛

四之器

风炉灰承　筥　炭樀　火筴　鍑　交床　夹　纸囊　碾拂末　罗合　则　水方　漉水囊　瓢　竹筴　鹾簋揭　熟盂　碗　畚纸杷　札　涤方　滓方　巾　具列　都篮[1]

风炉灰承

风炉以铜铁铸之，如古鼎形，厚三分[2]，缘阔九分，令六分虚中，致其杇墁[3]。凡三足，古文书二十一字。一足云"坎上巽下离于中[4]"，一足云"体均五行去百疾[5]"，一足云"圣唐灭胡明年铸[6]"。其三足之间，设三窗。底一窗以为通飙漏烬[7]之所。上并古文书六字，一窗之上书"伊公[8]"二字，一窗之上书"羹陆"二字，一窗之上书"氏茶"二字。所谓"伊公羹，陆氏茶[9]"也。置墆㙪[10]于其内，设三格：其一格有翟[11]焉，翟者火禽也，画一卦曰离；其一格有彪[12]焉，彪者风兽也，画一卦曰巽；其一格有鱼焉，鱼者水虫也，画一卦曰坎。巽主风，离主火，坎主水，风能兴火，火能熟水，故备其三卦焉。其饰以连葩[13]、垂蔓、曲水、方文[14]之类。其炉，或锻铁[15]为之，或运泥为之。其灰承，作三足铁柈[16]檯[17]之。

唐　风炉及鍑

---

［1］小字部分为该茶器的附属器物。

［2］分：一寸的十分之一，约为3mm，见前尺、寸条。

［3］此处指炉口的边缘厚九分，炉壁三分，中间六分涂泥。杇
　　墁，wū màn，涂饰、粉刷。

［4］坎上巽下离于中：八卦之中，坎为水、巽为木为风、离为
　　火，风炉木上生火，因风兴火，火上置鍑煮水，故此句为风
　　炉煮水之象。又易经之中，上离下巽为火风鼎卦，合于风
　　炉，君子正位兴旺之象，又革故鼎新之象；上坎下离为水火
　　既济，阴阳和合之象。

[5] 体均五行去百疾：身体五行均衡，百病不生。从风炉来说，
铜铁为金，里面涂泥为土，烧木炭为木，生火煮水，则五行
和谐。

[6] 圣唐灭胡明年铸：对于此句的理解关系到茶经的成书时间。
灭胡，一般理解为平灭安史之乱年份763年，明年指764年。
或以为茶经成书于764年之后，又因与其他记载矛盾，或以为
在764年之后有过修改。这里有值得商榷之处，灭胡未必指安
史之乱，也可能指其他对西域的军事胜利或泛指，如岑参755
年曾作《灭胡曲》。另外此处是当年铸还是一种表达祝福与愿
望的虚款，尚未可知，故不应作为《茶经》写作或修改时间的
依据。

[7] 在鼎的三足之间有三个小窗，底部有一个小窗作为通风漏炭
灰之用。

[8] 伊公：伊尹，商初丞相、政治家和思想家，为中华文明做出
很多开创性的贡献，被后世尊为圣人。伊尹同时也是道家、
医家祖师和厨艺烹饪之祖。伊尹以鼎调羹通于治国之道，故
此处以鼎所制的风炉刻伊公之名。

[9] 此处以"陆氏茶"与"伊公羹"并置，若非后来人添加，则
陆羽之自信与抱负跃然纸上。

[10] 墆㙞：dì niè，墆，底。㙞，小山。这里指的是置于炉膛
底部的器物，相当于炉算子。

[11] 翟：dí，长尾的野鸡，这里指火凤一类。

[12] 彪：虎身的斑纹，亦指虎。

[13] 连葩：葩，花；连葩，连缀的花卉。

［14］方文：方形的连缀纹饰。

［15］锻铁：指用锻制的方式打铁制造。此段开头讲风炉用铜铁铸造，这里说的是用锻造的方法，有所不同。或为后来人所加，或者存在不同工艺。按，唐时这两种方式都是有的。

［16］柈：pán，同盘，盘子。

［17］橙：tái，同台。

筥

筥，以竹织之，高一尺二寸，径阔七寸。或用藤，作木楦[18]如筥形织之。六出[19]圆眼，其底盖若利箧[20]口，铄[21]之[22]。

---

［18］楦：xuàn，将物体中空部分填实，如鞋楦。这里是织竹筥时用的木模型。

［19］六出：指编织竹条圆眼是六边形的，六出，有六个角。

［20］利箧：竹筐、竹箱。利，一作莉，一种竹具。箧，qiè，竹筐。

［21］铄：通"烁"，铄有美好之意，或以为指美化；烁亦有烤灼之意，或以为加热以去除水分，或以为使光滑。

［22］此段亦可断句为"其底盖若利，箧口铄之。"指底盖如果锋利，那么箧口需要弄光滑一些。亦可断句为"其底盖若利箧，口铄之。"底盖像利箧，口要弄光滑。

炭檛

炭檛[23]，以铁六棱制之，长一尺，锐上丰中[24]，执细头系一小镮[25]以饰檛也，若今之河陇[26]军人木吾[27]也。或作锤，或作斧，随其便也。

火筴

火筴[28]，一名箸[29]，若常用者，圆直，一尺三寸，顶平截，无葱苔勾鏁[30]之属，以铁或熟铜[31]制之。

---

[23] 檛：音zhuā，本义为鞭子。

[24] 锐上丰中：上面细小，中间粗大。

[25] 镮：同环，圆圈形物。一作锒，本意为铜灯，似不通。

[26] 河陇：泛指河西陇右一代，河西，陇右为唐代方镇，为唐代边塞，位置相当于今日甘肃省大部及青海东南部。

[27] 木吾：木棒。

[28] 筴：音jiā，指筷子。

[29] 箸：音zhù，筷子。

[30] 葱苔勾鏁：葱苔，概指筷子顶端饰以球形或蕾形物（似葱苔）的样式。鏁，同锁，指铁链子。葱苔勾鏁是火筷子常见的装饰，这里陆羽认为茶道具中不需此种装饰，只要普通平头的即可。

[31] 熟铜：经过精炼可供锤锻的铜。

鍑音辅，或作釜，或作鬴

鍑[32]，以生铁[33]为之。今人有业冶者[34]所谓急铁[35]，其铁以耕刀之趄[36]，炼而铸之。内模土而外模沙[37]。土滑于内，易其摩涤；沙涩于外，吸其炎焰[38]。方其耳[39]，以正令[40]也；广其缘，以务远[41]也；长其脐[42]，以守中[43]也。脐长，则沸中；沸中，则末易扬[44]；末易扬，则其味淳也。洪州[45]以瓷为之，莱州[46]以石为之。瓷与石皆雅器也，性非坚实，难可持久。用银为之，至洁，但涉于侈丽[47]。雅则雅矣，洁亦洁矣，若用之恒，而卒归于铁[48]也。

唐　银鍑

［32］镂：音fù，锅之类。

［33］生铁：铁矿经过初步提炼，用来冶铸器物者称为生铁。

［34］业冶者：从事炼铁的人。

［35］急铁：指下文以耕刀炼铸之铁。

［36］趄：音jū，行不进的样子。指耕刀（久用或损坏）无法前
　　　行者。

［37］内模土而外模沙：内模用土，外模用沙。

［38］此句解释内模土外模沙的原因，内模用土，土质细腻做出
　　　来的镂内壁光滑，便于擦洗；而外模用沙，沙质粗糙，外
　　　壁有细小的凸凹，便于吸热。

［39］方其耳：耳是方形的。耳指锅两端把手。

［40］正令：正其法度。关于此处的"正令""务远""守
　　　中"，过去多从技术与功能角度考量，比起功能，古人特
　　　重其意象，不妨将功能与意象并举。为什么"耳"做成方
　　　的？并不是为了功能上平稳，圆的也一样可以平稳，耳本
　　　身是接收信息的象征，方是表达"令"的端正与严肃。

［41］务远：指水的热量传导向四周延伸，有远大追求之象。

［42］脐：锅底的中心部位称脐，长其脐指凸起要明显。

［43］守中：热力集于中，有守护中正清虚之象。

［44］此句说釜脐长则热力集中于中部，水沸之后由中间向四周
　　　扩散，沫子集中在边缘，易于收集扬弃沫子。

［45］洪州：唐时洪州治豫章（今江西南昌），属江南西道，
　　　有东南都会之称。唐辖境相当于今江西修水、锦江流

域，南昌、丰城、进贤等市。洪州窑是唐代青瓷名窑，近年来在丰城发掘了洪州窑窑口遗址，印证了此地悠久的制瓷历史。

[46] 莱州：唐时莱州治掖县（今山东莱州），辖境含今山东莱州、即墨、莱阳、平度、莱西、海阳等地。莱州石材丰富，有悠久的制石和石雕传统。

[47] 涉于侈丽：有点奢侈华丽。涉，涉及、牵涉到。

[48] 卒归于铁：最终还是用铁。一作"卒归于银"，与上下文及陆羽美学观念不符。从耐用的角度，铁器比瓷和石要更结实，不易损坏。

交床

交床[49]，以十字交之，剜中令虚[50]，以支鍑也。

夹

夹，以小青竹为之，长一尺二寸，令一寸有节，节已上剖之，以炙茶也[51]。彼竹之筱[52]，津润于火[53]，假其香洁以益茶味，恐非林谷间莫之致[54]。或用精铁熟铜[55]之类，取其久也。

纸囊

纸囊，以剡藤纸[56]白厚者夹缝之。以贮所炙茶，使不泄其香也[57]。

唐　鎏金壶门座银茶碾子

唐　鎏金银碢轴

［49］交床：床，此处指安放器物的架子或平板。交床，指交叉能折叠的架子。

［50］剜中令虚：挖去中间部分。

［51］此处是说，在竹节一端留一寸左右，在竹节之上（另一端）剖开，用来夹茶烤炙。

［52］筿：小竹。

［53］津润于火：因为火烤而滋润，散发香气汁液。

［54］此处讲因为用的是新的青竹，所以需要在山林谷地之间才行。

［55］精铁熟铜：精炼过的铜和铁。

［56］剡藤纸：剡（shàn）溪出产的藤可以造纸，负有盛名，称剡藤纸。剡溪指浙江曹娥江上游。剡藤纸以质地精良著称，唐时常作为官方文书专用纸。

［57］此处存茶用纸囊缝起来封存，防止香气流失。

碾拂末

碾，以橘木为之，次以梨、桑、桐、柘为之［58］。内圆而外方［59］。内圆，备于运行也；外方，制其倾危也［60］。内容堕［61］而外无余。木堕，形如车轮，不辐而轴［62］焉。长九寸，阔一寸七分。堕径三寸八分，中厚一寸，边厚半寸，轴中方而执圆［63］。其拂末［64］以鸟羽制之。

［58］这些都是质地细腻坚硬的木材。从实际的出土的材质来看，富贵者如金银，普通者如陶、瓷、石质都有。

［59］内圆外方：此处指碾槽的内部是圆弧形，外部是方形的。

［60］内圆：方便运行。外方：防止倾倒。

［61］堕：此处指碾轮。刚好容在碾槽里，接触紧密，以方便碾茶。

［62］不辐而轴：没有辐条但是中间有轴。

［63］中方而执圆：轴的中间是方的，手握的地方是圆的，木质堕中间方是为了木轴与轮在滚动中保持牢固。如果是其他材质未必如此。

［64］拂末：此处指扫茶末的小帚。

罗合[65]

罗末，以合盖贮之，以则[66]置合中。用巨竹剖而屈之，以纱绢衣之[67]。其合以竹节为之，或屈杉以漆之[68]。高三寸，盖一寸，底二寸，口径四寸。

则

则，以海贝、蛎蛤之属，或以铜、铁、竹匕策[69]之类。则者，量也，准也，度也。凡煮水一升，用末方寸匕[70]。若好薄者，减之；嗜浓者，增之，故云则也[71]。

［65］罗合：罗，筛茶末的筛子；合，存放茶末的盒子。这二者是放在一起的，称罗合。

［66］则：指下文的量器。

［67］此处指茶罗，用大的竹子剖开以后弯成浅圆桶，用沙绢蒙着（底）。

［68］此处指茶盒可以用粗大的竹节来做，也可以用杉木弯曲涂漆来做。

［69］匕策：匕，古代的一种取食器具，长柄浅斗，类似汤勺；策，竹片。

［70］方寸匕：一寸见方的匕。法门寺出土银茶则纵径4.5厘米；横径2.6厘米，约一寸多见方。600毫升水，约用4克茶末。

［71］故云则也：则有取法、规范、权衡之意，今日取茶量茶之器仍称"茶则"。

水方

水方，以椆木、槐、楸、梓等合之［72］，其里并外缝漆之［73］，受一斗。

［72］可以用这几种木材制作。椆木，古书上指一种遇寒不凋的树木，今日椆木指山毛榉目壳斗科柯属椆木。楸木，今指紫葳科梓树属，古代也与梓木混称。

［73］里外缝上漆，防止漏水。

唐　鎏金飞天仙鹤纹银茶罗子

唐　鎏金飞鸿纹银则

唐　银鎏金双鱼纹长柄勺

漉水囊

漉水囊[74]，若常用者，其格以生铜铸之，以备水湿，无有苔秽腥涩[75]意。以熟铜苔秽，铁腥涩也。林栖谷隐者，或用之竹木。木与竹非持久涉远[76]之具，故用之生铜。其囊，织青竹以卷之[77]，裁碧缣[78]以缝之，纽翠钿[79]以缀之。又作绿油囊[80]以贮之，圆径五寸，柄一寸五分。

---

[74]漉水囊：滤水去虫的器具。来源于佛教，为比丘六物或十八物之一，梵语（parisravana）。漉，过滤，渗。

[75]苔秽腥涩：苔秽，指铜的氧化物类似苔类。腥涩，指铁氧化物的味道。

[76]涉远：走远路。

[77]织青竹以卷之：用青竹编织兜住。

[78]缣：双丝织的细绢。

[79]纽翠钿：纽，系；翠钿，翠玉的装饰。

[80]油囊：涂油的布袋，可防水。

瓢

瓢，一曰牺杓。剖瓠[81]为之，或刊木[82]为之。晋舍人杜育《荈赋》[83]云："酌之以匏[84]。"匏，瓢也。口阔，胫薄[85]，柄短。永嘉[86]中，余姚[87]人虞洪入瀑布山采茗，遇一道士，云："吾丹丘子[88]，祈子他日瓯牺之余，乞相遗也^[89]。"牺，木杓也。今常用以梨木为之。

竹筴^[90]

竹筴，或以桃、柳、蒲葵^[91]木为之，或以柿心木为之。长一尺，银裹两头。

---

[81] 瓠：hù，此处指葫芦。

[82] 刊木：砍伐树木。

[83] 晋舍人杜育《荈赋》：杜育，字方叔，襄城邓陵人，西晋时人，曾为中书舍人。所作《荈赋》是现存最早的以茶为主题的散文，涉及的范围包括茶叶生长至饮用的全过程，原文有散佚，现从他书中辑存二十余句。

[84] 匏：音páo，葫芦之一种，剖开可做水瓢。

[85] 胫薄：指瓢身薄。

[86] 永嘉：西晋怀帝司马炽的年号（307—312）。

[87] 余姚：即今浙江余姚。此段引述出《神异记》。

[88] 丹丘子：丹丘指神话中的神仙之地，《楚辞·远游》"仍羽人于丹丘兮，留不死之旧乡"，丹丘子是仙人之谓。一作丹丘子即为道家祖师葛玄，丹丘是天台山支脉。

[89] 此处讲仙人对虞洪说："你以后杯勺有余茶，送点给我。"

[90] 竹筴：这里的竹筴指的是竹或木制的筷子，与前面烤茶的夹子不同，竹筴的作用是搅拌汤水，见《五之煮》。

[91] 蒲葵：常绿乔木，叶子可以制扇。

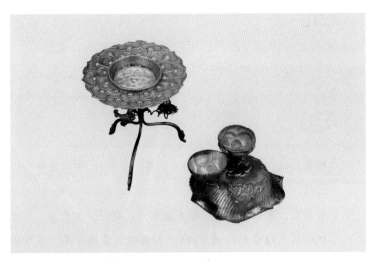

唐　鎏金摩羯纹三足架银盐台

唐　鎏金摩羯纹三足架银盐台

鹾簋揭

鹾簋[92]，以瓷为之。圆径四寸，若合形，或瓶，或罍[93]，贮盐花[94]也。其揭，竹制，长四寸一分，阔九分。揭，策[95]也。

---

[92] 鹾簋：鹾，音cuó，盐的别名；簋，音guǐ，古代盛食物的容器，通常圆口两耳。

[93] 若合形，或瓶，或罍：做成盒形，或瓶形，或罍形。瓶指口小腹大的容器，罍（léi），酒樽，方圆皆有，圆肩深腹。

[94] 盐花：盐霜、细盐粒。

[95] 策：竹片。用来取用盐花。

熟盂

熟盂，以贮熟水[96]，或瓷，或沙[97]，受二升。

碗

碗，越州[98]上，鼎州[99]次，婺州[100]次，岳州[101]次，寿州[102]、洪州次。或者以邢州[103]处越州上，殊为不然。若邢瓷类银，越瓷类玉，邢不如越一也；若邢瓷类雪，则越瓷类冰，邢不如越二也；邢瓷白而茶色丹，越瓷青而茶色绿，邢不如越三也[104]。晋杜育《荈赋》所谓："器择陶拣，出自东瓯[105]。"瓯，越也[106]。瓯，越州上，口唇不卷，底卷而浅，受半升已下[107]。越州瓷、岳瓷皆青，青则益茶。茶作白红之色[108]。邢州瓷白，茶色红；寿州瓷黄，茶色紫；洪州瓷褐，茶色黑：悉不宜茶。

畚纸帊[109]

畚，以白蒲[110]卷而编之，可贮碗十枚。或用筥。其纸帊[111]以剡纸夹缝，令方，亦十之也。

---

[96] 熟水：开水。

[97] 沙：指用含有较粗沙粒的陶土制的（器皿），粗陶。

[98] 越州：治所在会稽（今浙江绍兴），辖境相当于今浙江浦阳江（除义乌）、曹娥江流域及余姚。唐五代出秘色瓷，为青瓷之冠。

[99] 鼎州：唐时有二鼎州。一治所在武陵（今湖南常德），辖今日湖南常德、汉寿、沅江、桃源等地。一治所在云阳（今陕西泾阳县云阳镇），辖今陕西泾阳、礼泉、三原等地，近年来在临近的富平县发现了古窑址，并出大量土瓷器与残片。有学者认为，此即是《茶经》所指的鼎州窑。治云阳之鼎州为武则天时所立，富平当时是否属于鼎州并无明确记载，不是没有这个可能。不过陆羽所列举皆为南方窑，（邢窑只是作为比较而列出）。古代陶瓷长距离运输不易，从他游历和接触范围来看，此处鼎州应该还是南方鼎州（湖南）。

[100] 婺州：治所在金华（今浙江金华），唐辖境相当于今浙江武义江、金华江流域。婺州窑为唐代青瓷名窑，在金华、兰溪、义乌、东阳、永康、武义、衢州、江山等地均发现其遗址。

[101] 岳州：治所在巴陵（今湖南岳阳），唐辖境相当于今洞庭湖东、南、北岸各地。二十世纪在湖南湘阴县等地发掘出多个窑址，岳州窑亦出青瓷，历史十分悠久。

[102] 寿州：治所在寿春（今安徽寿县），唐辖境相当于今安徽淮南、六安、寿县、霍山、霍邱等地。寿州窑亦为唐代青瓷名窑，窑址在安徽淮南市上窑镇、观家岗、余家沟、外窑等地。

[103] 邢州：治所在龙冈（今河北邢台），唐辖境包括今河北巨鹿，广宗以西，泜河以南，沙河以北地区。唐代名窑，出精美白瓷。窑址位于河北邢台市所辖的内丘县和临城县一带。邢窑与越窑同为唐代重要制瓷基地，产品亦同为唐代贡瓷，常常并称。

[104] 此处陆羽品评邢瓷与越瓷出于两点考虑，一是放入茶汤以后视觉效果的审美差异，唐代审美上喜欢茶汤偏绿色，但实际上唐代工艺上做出来的茶汤略带褐红，陆羽认为越瓷衬托出来的茶汤颜色更好一些。另一个原因是文化上陆羽倾向于南方的风格与传统。新崛起的邢瓷在北方皇室与贵族中受到追捧，在陆羽看来品味上是不足称道的，所以提出了批评。但这种偏好未见有充分理由，也不代表当时的一般观点。实际上，同青瓷一样，对白色瓷的喜爱与追

求，也是古代陶瓷审美的主流观点之一。

[105] 东瓯：古族名、地名。东瓯为越族一支，汉时封东海王，都东瓯（今浙江温州），亦称东瓯王。后世以东瓯或瓯越为温州及浙南一代的别称。《荈赋》此句的意思是，选择陶器，好的出自东瓯。这里面，陆羽把"瓯"和"越"视为等同，但实际上，历史上是有瓯窑存在的。瓯窑位于温州瓯江两岸，从汉代起即有烧制。这里面究竟指的是瓯窑还是越窑，尚无定论。

[106] 瓯，越也：越作为地名所指和瓯有所差异，相对而言，越偏北而瓯偏南，越州治所在浙北之会稽。瓯越亦常并称，一般指的是浙南地区。这里陆羽似乎以此对茶碗产地的正统性做出了某种暗示。

[107] 相对而言，邢瓷茶碗多卷边，越瓷茶碗则壁薄沿浅。受半升以下：300毫升以下。

[108] 茶作白红之色：很多人认为这句话说的是邢瓷之色，其实这里说的是茶汤之色，当时因为焙火工艺与存放时间之差异，茶色呈现从白到淡红的颜色，大部分呈黄或淡褐色，与今日绿茶之色不同。（这也能从后文《五之煮》"其色缃"得到印证。）邢瓷白略带粉，茶色略偏红，寿州瓷、洪州瓷两句类似，这两种瓷本身的颜色会让茶色更深。而越瓷、岳瓷会让茶汤带点青绿色，这是陆羽偏爱的颜色。如果认为茶和今日绿茶一样，接近无色，整个这一段就完全不通了。

[109] 畚：音běn，本义指蒲草或竹篾编织的盛物或撮土的器物。

[110] 白蒲：白色的蒲苇。

[111] 纸帊：铺垫或覆盖盛器的纸片。这里指上下两层，中间夹缝方形，用来放碗。帊，同"帕"。

札[112]

札，缉栟榈皮[113]以茱萸[114]木夹而缚之，或截竹束而管之，若巨笔形。

涤方

涤方，以贮涤洗之余[115]，用楸木合之[116]，制如水方，受八升。

滓方

滓方，以集诸滓[117]，制如涤方，处五升。

---

[112] 札：札的用途，后文没有明确讲，可能是用来清理的器具。

[113] 缉栟榈皮：缉，把麻一类的植物皮纤维析成缕搓线。这里是把棕榈的皮拆分搓捻。

[114] 茱萸：落叶小乔木，香气辛烈，可入药。古俗重阳佩茱萸祛邪。

[115] 涤洗之余：涤洗后的废水。

[116] 合之：做成盒子。

[117] 滓：渣滓、残渣。

唐 洪州窑莲花瓣纹碗及托

唐 岳州窑青瓷盘

唐　越窑海棠杯

唐　邢窑白瓷玉壁底碗

唐　寿州窑执壶

巾

巾，以絁布[118]为之，长二尺，作二枚，互用之[119]，以洁诸器。

具列

具列，或作床，或作架。或纯木、纯竹而制之，或木或竹[120]，黄黑可扃[121]而漆者。长三尺，阔二尺，高六寸。具列者，悉敛诸器物，悉以陈列也。

都篮[122]

都篮，以悉设诸器而名之。以竹篾内作三角方眼，外以双篾阔者经之[123]，以单篾纤者缚之，递压双经[124]，作方眼，使玲珑[125]。高一尺五寸，底阔一尺、高二寸，长二尺四寸，阔二尺。

---

[118] 絁布：粗厚似布的丝织物。

[119] 互用之：交替使用。

[120] 此处指具列可以由纯木制、纯竹制，或木竹混合制。

[121] 扃：音 jiōng，本义指从外面关门的门闩，这里指具列可制成由外面插闩关门的形制。

[122] 都篮：音dōu lán，亦作都蓝。木竹篮，以盛茶具或酒具。

[123] 经之：经，指织物的纵线。经之，此处指以宽竹篾作为纵线来编织。

[124] 递压双经：交替的压住两条经线。

[125] 玲珑：精巧细致。

五之煮

凡炙茶，慎勿于风烬间炙[1]，熛焰[2]如钻，使炎凉不均。持以逼火，屡其翻正，候炮普教反出培塿[3]，状虾蟆背[4]，然后去火五寸。卷而舒[5]，则本其始[6]又炙之。若火干者，以气熟止；日干者，以柔止。[7]

其始，若茶之至嫩者，蒸罢热捣，叶烂而牙笋存焉。假以力者，持千钧杵亦不之烂[8]。如漆科珠[9]，壮士接之，不能驻[10]其指。及就[11]，则似无穰骨[12]也。炙之，则其节若[13]倪倪[14]如婴儿之臂耳[15]。既而承热用纸囊贮之，精华之气无所散越[16]，候寒末之[17]。末之上者，其屑如细米。末之下者，其屑如菱角[18]。

---

[1] 慎勿于风烬间炙：不能在通风的余烬上炙（因为余烬会因风生火，导致冷热不均）。

[2] 熛焰：火焰。飞迸的火焰称熛，biāo。

[3] 炮出培塿：炮，bāo，把物品放在器物上烘烤或焙。培塿，péi lǒu，本作部娄，小土丘。

[4] 虾蟆背：指茶饼表面烤出如蛤蟆背一样的小凸起。今日岩茶工艺中，焙火较重的也有这样的效果。

［5］卷而舒：指上文茶离火五寸之后，温度降低，原先烤卷曲的
　　　部分慢慢舒展。

［6］本其始：按照开始的方法。

［7］火干、日干：指制茶饼的工艺，如果是火烤干的茶饼，烤尽青
　　　气而出茶香时停止；如果是太阳晒干的茶饼，烤到茶变柔软为
　　　止。这两种工艺制成的茶饼含水率不同，炙茶所需的火候亦不
　　　同，从文中看似乎达致接近其始制成茶饼时的状态即可。总体
　　　来说，唐时的茶饼含水率较高，不同于今日饼茶或烤茶。

［8］茶的嫩芽和芽孢捣茶时混于叶中，不易捣烂。

［9］漆科珠：此处指为一颗小珠子髹漆的工艺。之前多作名词
　　　解，一作漆树子解，一作大漆珠子解，一作漆斗量珠解。一
　　　来文字不甚通，二来如何壮士不能驻其指亦不可解。

［10］驻：留住。

［11］及就：等到做好、完成。

［12］穰骨：穰，指植物的杆茎，亦指杆茎内白色物质。穰骨，
　　　 即指后者。

［13］节若：若，禾杆皮。节若指茶芽与茶梗。

［14］倪倪：幼弱貌。

［15］此句多家解释有误解。"如婴儿之臂"不是指其柔软，而是指
　　　 茶之芽梗受热膨胀之貌，这个只有烤过饼茶的人才会明了。

［16］散越：激扬、发散。烤过的茶饼趁热封存，防止物质蒸发
　　　 流失。

［17］候寒末之：等冷却下来之后碾为粉末。

［18］此处多认为指的是大小，但亦可兼指形态。

唐 佚名 萧翼赚
兰亭图（局部）

唐 萧翼赚兰亭图
（宋人摹本 局部）

其火用炭，次用劲薪谓桑、槐、桐、枥[19]之类也。其炭，曾经燔炙[20]，为膻腻所及，及膏木[21]、败器[22]，不用之。膏木谓柏、桂、桧也。败器，谓朽废器也。古人有劳薪[23]之味，信哉。

---

[19] 枥：指柞树。

[20] 燔炙：指烤肉。

[21] 膏木：指有油脂的木材，如后面所列柏、桂、桧等，因油脂燃烧有异味。

[22] 败器：指曾用为他物的木头，日久坏掉废弃，拿来做柴，这种木头往往有之前环境中日久形成的一些气味，亦不堪用。

[23] 劳薪：久用之木，废而作薪，亦有异味。《世说新语·术解》："荀勖尝在晋武帝坐上食笋进饭，谓在坐人曰：'此是劳薪炊也。'坐者未之信，密遣问之，实用故车脚。"

其水，用山水上，江水中，井水下。《荈赋》所谓："水则岷方之注，挹彼清流[24]。"其山水，拣乳泉[25]、石池慢流者上；其瀑涌湍漱[26]，勿食之。久食令人有颈疾。又多别流于山谷者，澄浸不泄[27]，自火天[28]至霜降以前，或潜龙蓄毒于其间[29]，饮者可决[30]之，以流其恶，使新泉涓涓然，酌[31]之。其江水取去人远者，井取汲多者[32]。

[24]水则岷方之注，挹彼清流：水则用岷江之水，汲取其清
　　流。挹，yì，同挹，汲取。

[25]乳泉：指钟乳石滴水。

[26]瀑涌湍漱：指急流、激流。瀑，音bào，飞溅。湍，急流。
　　漱，冲刷。

[27]澄浸不泄：长期静止不流动的清水。澄，水静而清。

[28]火天：夏天，五行火主夏，故称。

[29]此处指夏季水不流动，细菌微生物孳生较多，对人体有
　　害。潜龙，潜伏的龙蛇水族，这里是古人的猜测。

[30]决：挖开放水。

[31]酌：舀取。

[32]此二者皆为避免污染。

其沸如鱼目，微有声，为一沸。缘边如涌泉连珠，为二
沸。腾波鼓浪，为三沸。已上水老[33]，不可食也。初沸，
则水合量调之以盐味[34]，谓弃其啜余[35]。啜，尝也，市
税反，又市悦反。无乃齸鹺而钟其一味乎[36]？上古暂反，下吐滥
反，无味也。第二沸出水一瓢，以竹筴环激汤心，则量末当
中心而下[37]。有顷，势若奔涛溅沫，以所出水止之，而育
其华也[38]。

凡酌，置诸碗，令沫饽均。《字书》并《本草》：饽，茗沫
也，蒲笏反。沫饽，汤之华也。华之薄者曰沫，厚者曰饽。

细轻者曰花，如枣花漂漂然^[39]于环池之上，又如回潭曲渚^[40]青萍之始生，又如晴天爽朗有浮云鳞然。其沫者，若绿钱浮于水湄^[41]，又如菊英堕于鳟俎^[42]之中。饽者，以滓煮之^[43]，及沸，则重华累沫，皤皤然^[44]若积雪耳，《荈赋》所谓"焕如积雪，烨若春蔌^[45]"，有之。

---

[33] 已上水老：指上文滚沸（三沸）之后的水，此种水泡茶有"滞钝"之感。此处为观形辨水，据明张源《茶录》，辨水还有"声辨"，"气辨"等法。

[34] 此句意为根据水量的多少放入适量的盐调味。

[35] 把尝剩下的水丢弃掉。

[36] 这句话意思是，莫非是因为无味就要偏爱盐这一种味道么？（指盐不可多加）。也就是说，煮茶之水，加盐不能加到比较有味道的程度。䤅䤄：音 gàn tàn，无味道。

[37] 用竹筷子在水中间搅拌出一个环形的漩涡，这样茶末投入漩涡中心后，就能顺着漩涡而下。（否则会快速分散到边缘，影响煮茶效果。）

[38] 过一会儿水大沸腾时，把二沸取出的那瓢水倒回去，这样能培养保护表面的汤花（下文的沫饽）。

[39] 漂漂然：飘浮之貌。

[40] 回潭曲渚：弯曲回环的水潭与小洲。水中小洲曰渚。

[41] 绿钱浮于水湄：水边上的青苔。绿钱，青苔别称；南朝沈约诗："宾阶绿钱满，客位紫苔生。"湄：水边、河岸。

[42] 菊英堕于樽俎：菊花落在杯盘之上。樽，同樽、尊，酒杯；
　　　俎，方形的盛物盘，多用来盛肉。樽俎亦常用来指代宴席。

[43] 滓，指茶渣。沉在下面的茶渣煮沸，会产生含有游离物的
　　　大的泡沫。

[44] 皤皤然：形容白色。

[45] 烨若春薮：像春花一样灿烂。薮，花之通名、花貌。

　　第一煮水沸，而弃其沫，之上有水膜，如黑云母[46]，饮
之则其味不正。其第一者为隽永，徐县、全县二反。至美者曰隽永。
隽，味也；永，长也。味长曰隽永。《汉书》：蒯通著《隽永》[47]二十篇
也。或留熟盂[48]以贮之，以备育华救沸[49]之用。诸第一与
第二、第三碗，次之第四、第五碗；外非渴甚莫之饮[50]。凡
煮水一升，酌分五碗。碗数少至三，多至五。若人多至十，加两
炉[51]。乘热连饮之，以重浊凝其下，精英浮其上。如冷，则精
英随气而竭，饮啜不消亦然矣[52]。

　　茶性俭[53]，不宜广，广则其味黯澹[54]。且如一满碗，
啜半而味寡，况其广乎！其色缃[55]也。其馨致[56]也。香至美
曰致，致音使。其味甘，槚也；不甘而苦，荈也；啜苦咽甘，茶
也。一本云：其味苦而不甘，槚也；甘而不苦，荈也[57]。

---

[46] 黑云母：是云母类矿物中的一种，为硅酸盐矿物，黑云母
　　　未必为黑色。陆羽这里所说的黑云母是指水膜类似鳞片状
　　　的黑色或绿色云母。

[47] 蒯通著《隽永》：蒯通为秦末汉初谋士，曾劝韩信反刘邦未被采纳。《隽永》是其论述战国游说之士权变之术的作品，今佚。

[48] 熟盂：前面《四之器》中提到此种器具，用来放烧过的开水。

[49] 指水沸较猛烈时，投入此水以培育保养汤花，类似前面第二沸出水一瓢的作用。

[50] 此处断句之前诸家皆断为："诸第一与第二，第三碗次之，第四第五碗外，非渴甚莫之饮。"这里诸似应为代词，类似"其"，结合上下文，新断为："诸第一与第二、第三碗，次之第四、第五碗，外非渴甚莫之饮。"指的是，取其一、二、三碗，四、五碗略逊，亦可。之后，如果不是很渴的话，就不要喝了。这样和酌分五碗以及小字的说明比较相合。在《六之饮》最后提到："夫珍鲜馥烈者，其碗数三。次之者，碗数五。"亦与此相合。

[51] 这里指合理的碗数，少则三碗，最多五碗，人要是到了十个，就需要加两个炉子，亦可指加至两炉，总之一炉不超过五碗。

[52] 这一段解释为何要趁热喝茶。陆羽认为茶的精华在茶汤之上，这种精华并非是可见之物，如果冷却，这种精华之气就会消散，就不适宜饮用了。饮啜不消：之前注家对"不消"解释多所不同。这里"不消"应做"不值当"解，意思是精华消散，喝了没有价值。

[53] 俭：俭是陆羽对茶性的总体评判，需要仔细：这里的俭，用的是本义，自我约束、不放纵，如俭德、恭俭等，故

与后文之"广"相对，亦呼应前文："最宜精行俭德之人"；并非是衍生义如节俭、贫俭等。

［54］这句话，之前注家大多理解为茶里不能多加水，任何东西多加水都会变淡，与是否性俭没有关系，后面讲一满碗喝了一半而味寡，就是说一大碗喝到一半已经不如开始的时候了，显然讲的并非是加水多少。那么这个广是指什么呢？还要回到陆羽对茶性的判断，茶性是内敛的，深刻的，饮茶与饮酒不同，不宜酒酣畅饮，需会意而止。所以这里的"广则其味黯澹（同黯淡）"，指的是喝茶应适可而止，不宜过度畅饮。这样和下文才能对应。这种观念从品鉴的角度来说，颇有意思，因为人对味觉会有所适应，感知力会下降；但从保健的角度来说，喝的太少就达不到效果，总之是要权衡适量。

［55］缃：音xiāng，浅黄色，如桑之嫩叶初发之色。前面讲过唐时工艺，茶色与今绿茶不同，略偏黄色，陆羽认为浅黄色为宜，那应该是指新茶之色，若久存常炙，颜色会更深。

［56］欤：音sǐ。

［57］"一本云"，亦作"《本草》云"，这里小字和原文出现分歧。从郭璞《尔雅》注的角度来看，茶是指早采的茶，荈是指晚采的茶，也叫苦茶。则槚、荈所指是一样的。这三种观点或许代表了不同时期、不同地域的用法。有的用法中茶（荼）、茗指早采的茶，荈、苦茶指晚采的茶，但不乏混用之例，后文任瞻的典故即是以早晚区分茶茗。

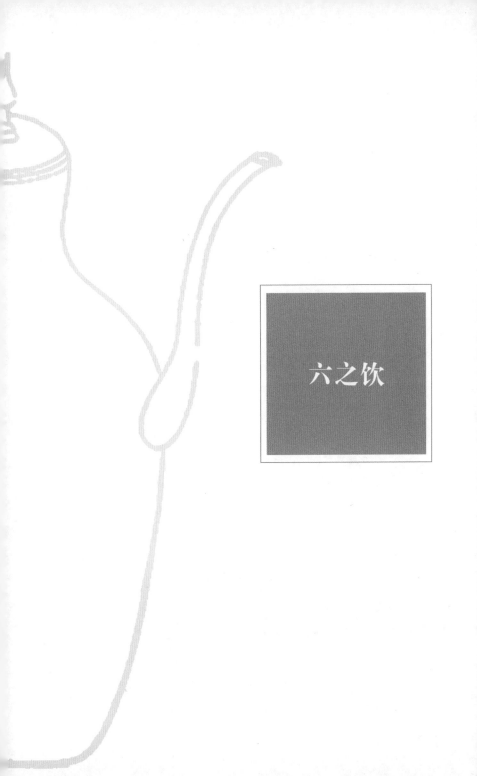

六之饮

翼而飞，毛而走，呋而言[1]。此三者俱生于天地间，饮啄以活，饮之时义[2]远矣哉！至若救渴，饮之以浆[3]；蠲[4]忧忿，饮之以酒；荡昏寐[5]，饮之以茶。

茶之为饮，发乎神农氏[6]，闻于鲁周公[7]。齐有晏婴[8]，汉有扬雄[9]、司马相如[10]，吴有韦曜[11]，晋有刘琨[12]、张载[13]、远祖纳[14]、谢安[15]、左思[16]之徒，皆饮焉[17]。滂时浸俗[18]，盛于国朝[19]，两都并荆渝间[20]，以为比屋之饮[21]。

---

[1]翼而飞：有翅膀能飞的禽类。毛而走：身披毛而善跑的兽类。呋而言：开口能说话的人类。呋，音qū，开口。

[2]时义：意义（其时之意义价值）。谢惠连《雪赋》："雪之时义远矣哉！"

[3]浆：古时以粮食制作的一种发酵饮料，微酸，清凉解渴。

[4]蠲：音 juān，免除、去掉。

[5]荡昏寐：扫除昏沉瞌睡。

[6]神农氏：上古部族首领，位列三皇。是中华农业、医药、商业、音乐之祖。神农尝百草之说，《淮南子》《搜神记》等书有载。"遇七十二毒，得茶而解之"的说法则出自《神农

本草经》。

[7] 鲁周公：周公姬旦，周文王四子，武王弟，建立了很多根本性的典章制度，为儒学先驱，被尊为元圣。

[8] 晏婴：晏子，名婴。齐国上大夫，机智善辩，内辅国政，外扬国威。有很多关于其智谋与仁德的典故。

[9] 扬雄：见前"扬执戟"条。

[10] 司马相如：字长卿，后更名相如。蜀郡成都（今属四川）人。西汉辞赋家，后世称赋圣、辞宗。

[11] 韦曜：三国吴吴郡云阳（今江苏丹阳）人，三国时史家、东吴重臣。主持编纂《吴书》。

[12] 刘琨：字越石，中山魏昌（今河北无极）人，西晋名臣，官至司空，善诗文，通音律。

[13] 张载：指西晋文学家张载，字孟阳，安平（今河北安平）人。

[14] 远祖纳：陆纳，东晋吴郡（今江苏苏州）人，官至左民尚书、吏部尚书，因与陆羽同姓，故陆羽称"远祖"。

[15] 谢安：字安石，陈郡阳夏（今河南太康）人，东晋名臣，执掌朝政、破前秦军，收付失地，为东晋立下不世之功，雅量高致，气度非凡，称江左风流宰相。

[16] 左思：字太冲，齐国临淄（今属山东）人。西晋辞赋家，《三都赋》致洛阳纸贵。

[17] 这些人物与茶的关系在《七之事》中有介绍。

[18] 滂时浸俗：指这些名人饮茶影响到风气时俗。滂，本义为大水，引申为浇灌，浸润。

[19] 国朝：陆羽指本朝，即唐朝。

[20] 两都、荆渝：两都指唐时京城长安和东都洛阳。荆，唐时荆州约有湖北松滋至石首间的长江流域以及北部荆门、当阳等县，上元元年升江陵府。渝，唐渝州辖今重庆市市区及周边地区。荆、渝，在唐时都是种茶、饮茶比较普及的地区。

[21] 比屋之饮：家家户户饮茶。

饮有粗茶、散茶、末茶、饼茶[22]者。乃斫、乃熬、乃炀、乃舂[23]，贮于瓶缶之中，以汤沃焉[24]，谓之痷茶[25]。或用葱、姜、枣、橘皮、茱萸、薄荷之等，煮之百沸，或扬令滑[26]，或煮去沫[27]。斯沟渠间弃水耳，而习俗不已[28]。

[22] 粗茶、散茶、末茶、饼茶：四种茶的形态，一般理解为粗老的茶，散放未压饼的茶，茶末，以及茶饼。也有人认为是四种不同等级的饼茶，不妥。从唐代其他史料的旁证来看，散茶、粗茶、末茶都是确实存在的形态。这三种相对来说，加工比较粗糙，品质要求不高，是普通百姓饮用的方式。

[23] 此处指的是对茶的处理方式，而非制茶的方式。用斫，用熬，用烤，用舂。炀：烤，烘干。

[24] 以汤沃焉：用开水浇，类似于现在的冲泡。

[25] 痷茶：指前面这种饮茶之法，在《七之事》中引《广

雅》："……捣末置瓷器中，以汤浇覆之，用葱、姜、橘子芼之。"之前注者很多认为痷，通淹，指用水冲泡的方式。从痷的字义来讲，指的是一种病态，陆羽用这个字，或许表明了他对这种做法的态度。

[26] 茶汤反复舀起再浇下会增加润滑感。

[27] 这种多种物质混煮的茶沫较普通茶汤更多，要不断去除表面的沫子。

[28] 陆羽认为痷茶与混煮之茶轻率味杂，不是理想的煮茶方式，没有品尝价值。但这只是从品鉴角度的判断，实际上这些饮茶方式影响深远，直到今日客家擂茶以及很多少数民族的饮茶方式都与此有关。

於戏[29]！天育万物，皆有至妙。人之所工，但猎浅易[30]。所庇者屋，屋精极；所著者衣，衣精极；所饱者饮食，食与酒皆精极之。茶有九难：一曰造，二曰别[31]，三曰器，四曰火，五曰水，六曰炙，七曰末，八曰煮，九曰饮。阴采夜焙[32]，非造也；嚼味嗅香[33]，非别也；膻鼎腥瓯，非器也；膏薪庖炭[34]，非火也；飞湍壅潦[35]，非水也；外熟内生，非炙也；碧粉缥尘[36]，非末也；操艰搅遽[37]，非煮也；夏兴冬废[38]，非饮也。

夫珍鲜馥烈者，其碗数三。次之者，碗数五。若坐客数至五，行三碗；至七，行五碗。若六人已下不约碗数，但阙一人而已，其"隽永"[39]补所阙两人[40]。

［29］於戏：句首感叹词，呜呼。

［30］人所擅长的，只是一些浅易的东西。陆羽认为对于茶这种
　　　天地所育的精妙之物，人要想做好是不容易的。

［31］别：鉴别，辨别。

［32］阴采夜焙：阴雨天不宜采茶，前文已言及；夜间气温低地
　　　面湿气大也不宜焙茶。

［33］嚼味嗅香：嚼食味道，闻其香气，这些并不是合适的鉴别
　　　方式。（从《三之造》来看，陆羽推崇的是依靠外观鉴别
　　　的方式，概嚼味嗅香失之粗鲁。但外观鉴别陆羽又认为很
　　　不简单，不能仅靠一两个特点下结论，看来鉴别果然是不
　　　容易。）

［34］膏薪庖炭：《五之煮》中谈过，有油脂的柴和烤过肉的炭
　　　是不合用的。

［35］飞湍壅潦：《五之煮》中提及，飞溅急流和停滞的积水都
　　　非所宜。潦，此处读lǎo，积水。

［36］从《五之煮》中小字中提到的"末之上者，其屑如细米"来
　　　看，过细的粉末也不好。缥，青白色。

［37］操艰搅遽：操作困难（不熟练），搅动过快，这些都无
　　　法达到理想效果。《五之煮》中投茶煮茶的技术要求较
　　　高，需要熟练之人掌握好火候方可。

［38］夏兴冬废：当时似有人认为冬天不宜饮茶，陆羽认为一年
　　　四季皆可饮茶。

［39］隽永：指《五之煮》中提到的用来育花救沸的"第一者"。

［40］此段历来争议颇多，费解之处在于：前面提到了五人分三碗，七人分五碗，后面又出现六人已下（以下）不约碗数。此处若文字无误的话，应该是两种分茶方法：一种是不计入"隽永"的方法（用来育花救沸），五人可分三碗，七人可分五碗，对应前面《五之煮》中"少至三，多至五"的说法。另外一种分茶方法，不用考虑碗数，只要是六人以下，刨除一个人后均分即可，然后用"隽永"那一碗来补刨除的那个人。"若六人已下不约碗数"指的是，"如果六人以下用不约碗数之法（的话）"，而不是，"如果六人以下，就不约碗数。"对此解释还有一点支持是：按照《五之煮》的说法，如果七人（五碗）以上，就必须另加炉子了，所以这里不是指六人以上、七、八、九、十等等。

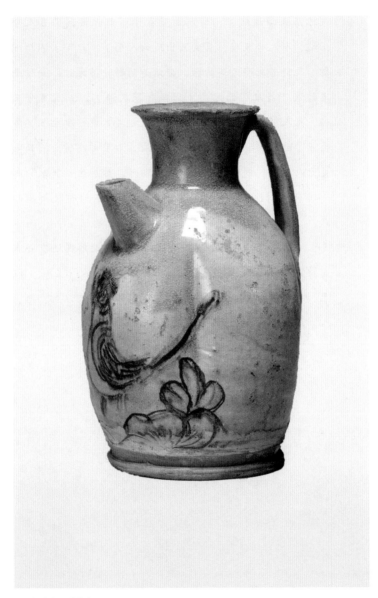

唐 长沙窑彩绘执壶

唐　鲁山窑花釉执壶

唐　长沙窑执壶

唐　鲁山窑酱釉彩斑执壶

七之事 [1]

---

[1] 在前面已有注释的人物除非需对称呼加以说明，不再重复注释。涉及人物典故的，在后面详列事项部分注释，不在前面注释。后面详列事项处涉及之前人物的不再重复注释。

三皇：炎帝神农氏。

周：鲁周公旦。

齐：相晏婴。

汉：仙人丹丘子[2]、黄山君[3]，司马文园令相如[4]，扬执戟雄。

吴：归命侯[5]，韦太傅弘嗣[6]。

---

[2] 丹丘子：按，《四之器》中言丹丘子于西晋永嘉年间出现，此处列于汉代。或非一人，或久住世。

[3] 黄山君：仙人，葛洪《神仙传》有载，修彭祖之术，著《彭祖经》。

[4] 司马文园令相如：文园是汉文帝的陵园，司马相如仕途最后一个官职是文园令，故称。

[5] 归命侯：指三国吴国末代皇帝孙皓，被晋武帝封为归命侯，以表其顺应天命归降于晋。

[6] 韦太傅弘嗣：韦曜字弘嗣，曾任太子孙和老师，故此处称太傅，见前韦曜条。

晋：惠帝[7]，刘司空琨，琨兄子兖州刺史演[8]，张黄门孟阳[9]，傅司隶咸[10]，江洗马统[11]，孙参军楚[12]，左记室太冲[13]，陆吴兴纳[14]，纳兄子会稽内史俶[15]，谢冠军安石[16]，郭弘农璞，桓扬州温[17]，杜舍人育，武康小山寺释法瑶[18]，沛国夏侯恺[19]，余姚虞洪[20]，北地傅巽[21]，丹阳弘君举[22]，乐安任育长[23]，宣城秦精[24]，敦煌单道开[25]，剡县陈务妻[26]，广陵老姥[27]，河内山谦之[28]。

---

[7] 惠帝：晋惠帝司马衷（259—307），西晋第二位皇帝，史载甚愚笨，何不食肉糜的典故即出自他，任内发八王之乱，后传为东海王司马越毒杀。

[8] 琨兄子兖州刺史演：指刘演，西晋大臣、名将，刘琨兄刘舆之子，曾任兖州刺史。

[9] 张黄门孟阳：见前张载条，《晋书》只记其任中书侍郎，未载任黄门职，其弟张协任过黄门侍郎。

[10] 傅司隶咸：傅咸，字长虞。北地泥阳(今陕西铜川耀州区)人。西晋大臣，刚正有节，有诗赋传世，曾任司隶校尉。

[11] 江洗马统：江统，西晋大臣，有志操，曾任太子洗马，故称。

[12] 孙参军楚：孙楚，西晋人，才藻过人，有多篇赋传世，曾任镇东将军石苞的参军。

[13] 左记室太冲：左思字太冲，后齐王司马同召左思为记室督，不就，但依古人习惯只要有诏，仍可称呼此号。见前左思条。

［14］陆吴兴纳：陆纳曾任吴兴太守，见前远祖纳条。

［15］指陆纳的侄子陆俶。

［16］谢冠军安石：谢安字安石，《晋书》未载谢安任冠军将
军。谢安侄谢玄，进号冠军将军。此处恐误，谢安可称谢
太傅，谢文靖公，他处未见称谢冠军安石。

［17］桓扬州温：桓温，字元子，谯国龙元(今安徽怀远西)人。东
晋权臣，北伐战功卓著，有意夺取帝位未果。桓温曾领扬州
牧，故称。

［18］武康小山寺释法瑶：释法瑶，一作释法珍，南朝名僧，开
法席于吴兴武康（今湖州德清）小山寺，著涅槃、法华、
大品、胜鬘等义疏。《高僧传》七有载。

［19］沛国夏侯恺：沛国指汉初高祖封沛侯之地，治相县（今安
徽淮北境内），后治所名称代有变迁，大体上包括今安徽
淮河以北、西肥河以东，河南夏邑、永城和江苏省丰县、
沛县等地。夏侯恺，《搜神记》中所记的人物。

［20］余姚虞洪：指上文《神异记》中人物。

［21］北地傅巽：傅巽，字公悌。汉末三国谋臣，北地泥阳（今
陕西铜川耀州区）人，是上文提到的傅咸的祖父。

［22］丹阳弘君举：弘君举，《全晋文》载，爵里不详。丹阳，
汉丹阳郡治宛陵（今安徽宣城），辖今江苏常州，浙江临
安等地。丹阳县（小丹阳）在今安徽当涂。

［23］乐安任育长：任瞻，字育长，晋大臣，相貌出众，官至
天门太守。乐安，古县名，治所在今山东博兴；亦是古郡
名，范围包括山东博兴、高青、恒台、广饶、寿光等地。

［24］宣城秦精：宣城，宣城郡，治所在宛陵（今安徽宣城），辖今安徽宣城、广德、宁国、太平、石台等地。宣城县，西汉置，属丹阳郡。治所在今安徽南陵县东，隔江接宣城市。秦精，《续搜神记》中的人物。

［25］敦煌单道开：单道开，东晋人，初在北方受石虎供养，后南渡建业，归隐罗浮山，颇有神异传说。敦煌，郡名，治所在敦煌县（今甘肃敦煌西）辖境相当于今甘肃疏勒河以西及以南地区。

［26］剡县陈务妻：陈务妻，《异苑》中的人物。剡县，今浙江嵊州。

［27］广陵老姥：《广陵耆老传》中的人物。广陵，今江苏扬州。

［28］河内山谦之：山谦之，南朝宋文人，著有《吴兴记》等。河内郡，南朝时治所在今河南沁阳。

后魏［29］：琅玡王肃［30］。

宋：新安王子鸾［31］，鸾弟豫章王子尚［32］，鲍照妹令晖［33］，八公山沙门昙济［34］。

齐：世祖武帝［35］。

梁：刘廷尉［36］，陶先生弘景［37］。

皇朝［38］：徐英公勣［39］。

《神农食经》［40］："茶茗久服，令人有力、悦志［41］。"

周公《尔雅》："槚，苦荼。"［42］《广雅》云［43］："荆、巴［44］间采叶作饼，叶老者，饼成，以米膏出之［45］。欲煮茗饮，先炙令赤色［46］，捣末置瓷器中，以汤浇覆之，用葱、姜、橘子芼之[47]。其饮醒酒，令人不眠。"

　　《晏子春秋》[48]：婴相齐景公时，食脱粟之饭[49]，炙
三弋、五卵[50]、茗菜[51]而已。

---

[29] 后魏：即是北魏，区别于三国魏（前魏），故称。

[30] 琅琊王肃：王肃，字恭懿。北魏名臣，初仕南齐，后因父兄
　　　被齐武帝所杀，避祸投奔北魏，甚为魏孝文帝所重，为魏制
　　　定朝仪国典。琅琊郡，东汉至北魏时治所在今临沂一带，王
　　　肃即是临沂人。

[31] 新安王子鸾：刘子鸾，南朝宋武帝刘骏第八子，甚得武帝
　　　宠爱，封新安王，十岁即被前废帝刘子业赐死。

[32] 鸾兄豫章王子尚：原作"鸾弟"，刘子尚是南朝宋武帝
　　　次子，是子鸾之兄。封豫章王，刘彧杀废帝时，也将子
　　　尚赐死。

[33] 鲍照妹令晖：鲍令晖，南朝女诗人，南朝大诗人鲍照之
　　　妹，著《香茗赋集》，有诗文传世。

[34] 八公山沙门昙济：昙济，南朝宋名僧，住寿阳八公山东
　　　寺，著《七宗论》。沙门，出家修道者的通称。

[35] 武帝：指南朝齐武帝萧赜，南朝第二位皇帝，482—493年
　　　在位，颇能治国。世祖是他的庙号，谥号武皇帝。

[36] 刘廷尉：刘孝绰，原名冉。彭城(今江苏徐州)人。南朝
　　　人，能文善草隶，曾迁廷尉卿，故称。后复为秘书监，明
　　　人辑有《刘秘书集》。

[37] 陶先生弘景：陶弘景，字通明，自号华阳隐居。丹阳秣陵（今南京市）人。南朝道家大师，大医家，有多部医药、丹道、天文历算、道教等方面著作传世。隐于句容茅山中，梁武帝多所请益，号山中宰相。

[38] 皇朝：指陆羽所处的唐朝。

[39] 徐英公勣：徐世勣，字懋功。曹州离狐（今山东东明东南）人。唐初名将，凌烟阁二十四功臣之一，高祖李渊赐姓李，故又称李勣，事高祖、太宗、高宗三朝，战功卓著，出将入相，封英国公，故称徐英公。

[40] 《神农食经》：传为神农氏所做，早已佚失。此书见于日本古代著作《医心方》与我国类书《太平御览》。有说《汉书·艺文志》有载，但其所载乃是《神农黄帝食禁》，与《神农食经》恐非一书。

[41] 悦志：令情志愉悦。

[42] 《尔雅》中的这段文字理解不同。一般认为，现存《尔雅》的成书似应不早于战国，亦不晚于汉初。大约是先秦古籍在汉初经过了重新整理。此中所称的"槚，苦茶"所指亦存有争议。《尔雅·释草》云：荼，苦菜。《尔雅·释木》云："槚，苦荼。"可见，荼与苦荼所指不同。苦荼是对槚的另一种称呼，且属木，与苦菜不同。从郭璞注释的描述来看，这个槚指的是茶。槚的本义和茶并无直接关联，从语言学的角度，很可能是来自早期西南茶产区土著的发音，借用"槚"字来表述。

[43] 《广雅》云：《广雅》，三国魏张揖撰根据《尔雅》体

裁编纂的训诂学汇编，全书分类、篇目、体例都和尔雅相同，而取材更广，《广雅》即是增广《尔雅》之意。此段文字不见于今存的各种版本的《广雅》，从用词和行文上来看亦颇有疑点，故存有争议，倾向于认为是后人的注解。

[44] 荆、巴：类似《六之饮》中所说的荆、渝地区。

[45] 此段是说，叶子老的茶饼，因为内含物果胶质含量不够，需要加米糊来帮助成型。

[46] 在这种早期民间饮茶法中，炙烤和陆羽的烤茶是不同的，陆羽的烤茶是降低水分，轻微发香即可。这种烤茶火要重得多，出焦香之味，更类似于今日云南等地山民的烤茶习俗。

[47] 芼之：菜放到羹里煮称芼，这里是指放到茶汤里。

[48] 《晏子春秋》：关于齐相晏婴的人物故事集，成书不晚于战国时期。旧题晏婴撰，应该是后世齐人所辑。

[49] 脱粟之饭：未脱皮之谷称粟，脱粟之饭，是指仅脱去皮未加精制的粗米。

[50] 三弋、五卵：弋、禽类；卵、禽蛋类。三、五是虚数，数种。

[51] 茗菜：其他版本《晏子春秋》中，此处多作苔菜。"茗"字的使用似嫌过早，且齐鲁之地种茶应该是较晚的事。关于苔菜所指亦不确定，有多种用法，大致来说是一种水边的野菜。

司马相如《凡将篇》[52]：乌喙、桔梗、芫华、款冬、贝母、木蘖、蒌、芩草、芍药、桂、漏芦、蜚廉、雚菌、荈诧[53]、白敛、白芷、菖蒲、芒硝、莞椒、茱萸。

《方言》[54]：蜀西南人谓茶曰蔎[55]。

《吴志[56]·韦曜传》：孙皓每飨宴，坐席无不率以七升为限，虽不尽入口，皆浇灌取尽。曜饮酒不过二升。皓初礼异，密赐茶荈以代酒[57]。

---

[52]《凡将篇》：司马相如所做的字书（识字读物），取开头"凡将"二字为篇名。今已不存，文字散见于他书之中，陆羽所引三十八字，为他书所无。

关于这段文字的断句，亦有争议，一般字书都是韵文形式，此文中的"蒌""桂"字所处位置不好编排。故很可能有脱字。今姑且按多数人的理解断句。

此段文字中涉及植物甚多，详细考证过于繁琐且与茶无关，只注与茶有关的"荈诧"一种。

[53] 荈诧：诧字的读音有多种，有认为此处读cha，且与茶相关，似无可靠依据。有认为此处应读du，这样与韵句比较相合，从《凡将》是字书的角度，有一定道理。至于诧字之义，似不可单独理解，有认为荈诧为联绵词，诧字无需单独解义。亦有人认为诧字是对荈字注音，不太说得通。值得注意的是司马相如为四川人，作为最早的茶区，其时四川有茶种植饮用应该没有问题，如果荈诧是古蜀语中对

茶的称呼，那"荈"指茶可能是从"荈诧"化用而来的。

[54]《方言》：汉代训诂学著作，也是最早的汉语方言比较汇
　　　集，涉及方言区域广阔，可见汉代方言分布的大致区域。
　　　西汉扬雄所作。

[55] 这同样可能是以字来表音。葰，she，本义是香草。今本
　　　《方言》无此条，可能有脱漏。扬雄本身即是蜀（成都）
　　　人，他的记录很能反映当时蜀地的真实情况。

[56]《吴志》：西晋陈寿所撰《三国志》的一部分，陆羽的记
　　　录与今本意思相同、文字有出入。

[57] 这段讲孙皓办酒宴，参加者都被强迫要求喝掉七升酒，一
　　　开始对韦曜特别优待，悄悄地以茶代酒。这即是"以茶代
　　　酒"这个典故的由来。不过后来孙皓对韦曜态度转变，又
　　　强迫他饮酒，而且因为韦曜对其荒唐行为劝谏，将其下狱
　　　诛杀。

　　　《晋中兴书》[58]：陆纳为吴兴太守，时卫将军谢安常
欲诣纳。《晋书》云：纳为吏部尚书。纳兄子俶怪纳无所备，不敢
问之，乃私蓄十数人馔。安既至，所设唯茶果而已。俶遂陈
盛馔，珍羞必具。及安去，纳杖俶四十，云："汝既不能光
益叔父，奈何秽吾素业[59]？"

　　　《晋书》[60]：桓温为扬州牧，性俭，每宴饮，惟下七奠
柈[61]、茶果[62]而已。

［58］《晋中兴书》：南朝宋何法盛著，亦有说原著者是郄绍，何法盛是窃取了郄绍的文稿。原书唐代散佚，清人自多部典籍中辑出部分内容。此书的记录和《晋书》多有出入。

［59］此段讲，谢安去拜访陆纳的时候，陆纳的侄子陆俶觉得陆纳没有准备，感到奇怪，又不敢问，就私自准备了十几人的菜饭。谢安到了以后，陆纳不过用茶、果来招待。陆俶就把美食摆上来了。等到谢安走了以后，陆纳把陆俶揍了一顿，对他说："你不能给我增光也就罢了，怎么还要玷污我清白的操守！"此处官职的记载和《晋书》有所不合。

［60］《晋书》：唐初房玄龄等人监修，根据过往诸家晋史修撰而成，二十四史之一。此段文字出《晋书》卷九十八《桓温传》，文字略有出入。

［61］七奠柈：犹言七盘菜肴。柈，通盘，奠在这里是表盘碗的量词。七奠柈在这里是一个词，类似当时一种简单的套餐。类似的说法有《晋书·王恭传》："仲堪食常五椀盘，无余肴。"很多注家解为七盘茶果，这里应该是一套简餐和茶果的意思。

［62］茶果：茶果这个词在两晋南北朝泛指茶和果蔬类，表清淡简单的饮食。并非后来专门配茶饮的"茶食"或"茶点"。上一条《晋中兴书》所指与此相同。

唐　周昉 调琴啜茗图

唐　佚名 宫乐图（宋人摹本）

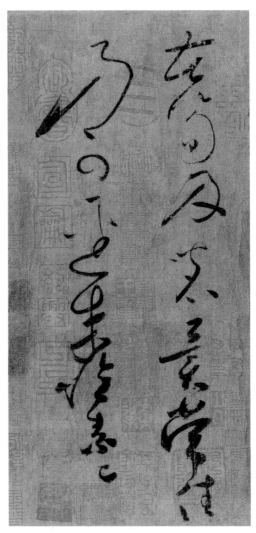

唐　怀素 苦笋帖

（苦笋及茗异常佳，乃可径来。怀素上。）

唐　佚名 弈棋侍女图（局部）

《搜神记》[63]：夏侯恺因疾死。宗人字苟奴，察见鬼神，见恺来收马，并病其妻[64]。著平上帻[65]，单衣，入坐生时西壁大床[66]，就人觅茶饮。

刘琨《与兄子南兖州[67]刺史演书》云：前得安州[68]干姜一斤[69]，桂一斤，黄芩一斤，皆所须也。吾体中愦闷[70]，常仰真茶[71]，汝可置之。

---

[63]《搜神记》：志怪小说集，东晋干宝著。内容丰富，保留了很多西汉以来的历史神话与民间故事。原本散佚，今本二十卷是后人缀辑增益而成。

[64] 病其妻：令他的妻子生病。

[65] 平上帻：魏晋武官所戴的一种头巾，上面是平的，故称。隋唐亦因袭。帻，音zé，头巾。

[66] 大床：魏晋时坐卧之具皆可称床，大床一般指卧具。

[67] 南兖州：相对于兖州（山东）而言，东晋元帝侨立于京口（今江苏镇江）。晋书所载刘演是行兖州刺史，刘琨在东晋刚一建立就去世了，之前尚无南兖州，此处书信不可能称南兖州刺史，应该是后人误加。

[68] 安州：此处所指不详，其后南朝梁和北魏皆设安州，但不应出现于此时。

[69] 干姜一斤：依《太平御览》、《太平寰宇记》，此处为"干茶二斤，姜一斤。"与下文"常仰真茶"呼应，似有合理之处。又唐之前姜、桂常与茶共煮，此处概有此意。若

安州指的是刘琨的老家中山（今河北定州，中山在后来的
北魏时称安州），则此处又不应为"干茶二斤"，其时中
山应不产茶。

[70] 愦闷：原作"溃闷"，此处应作愦闷（《白氏六帖事类
集》《茶乘》皆作"愦闷"）。愦闷：烦闷。

[71] 真茶：此处指好茶。亦可指真正的用茶做成的饮料。古时
其他植物叶子制成的饮料有时也称茶、苦茶，为加区分，
将茶制成饮料称"真茶"。

傅咸《司隶教》[72]曰：闻南市有蜀妪作茶粥[73]卖，
为廉事[74]打破其器具，后又卖饼[75]于市。而禁茶粥以困蜀
姥，何哉？

《神异记》[76]：余姚人虞洪入山采茗，遇一道士，牵三
青牛，引洪至瀑布山曰："吾，丹丘子也。闻子善具饮[77]，
常思见惠。山中有大茗[78]可以相给。祈子他日有瓯牺[79]之
余，乞相遗也。"因立奠祀，后常令家人入山，获大茗焉。

---

[72] 《司隶教》：《司隶校尉教》略称。"教"是古代的一
种由上至下、起教化作用的公文。司隶校尉是汉代设置
的监察官员，魏晋因袭，权力很大。

[73] 茶粥：茶粥是把茶与谷物同煮，在别的古籍中也称茗
粥、茗糜。现在我国南方一些地方仍有此吃法。

［74］廉事：所指不详，从上下文看，概属市场管理人员，莫非今日之城管？

［75］此处注家多解为茶饼，禁茶粥而许茶饼，似不通。应该为饼之本义，面饼。因为当时洛阳的饮食习惯是面饼，蜀妪卖茶粥是来自四川的小吃。当地市场管理员出于地域歧视而禁止，而后蜀妪转卖当地饮食，似能说通。在唐代，饼与茶粥亦作为南北饮食习惯差异而被提及，如王维《赠吴官》中有："长安客舍热如煮，无个茗糜难御暑。""秦人汤饼那堪许"之句。指的是一位南方朋友在京为官，想念老家的茶粥，对秦地的饼食（汤饼类似今日汤面片或面条）很不习惯。

［76］《神异记》：神话志怪小说集，西晋王浮撰，原书已佚，散见于类书。

［77］善具饮：善于准备茶饮。

［78］大茗：不详所指。是指好茶？还是大茶树？还是大叶茶？从《八之出》的越州余姚的小字部分来看，最有可能是大叶茶。因为就品种而论，若与别处明显不同，最可能还是看叶片外观。参见《八之出》"仙茗"条解释。

［79］牺：《四之器》中作者有解释。

左思《娇女诗》[80]："吾家有娇女，皎皎颇白皙。小字为纨素，口齿自清历。有姊字惠芳，眉目粲[81]如画。驰骛[82]翔园林，果下皆生摘。贪华风雨中，倏忽数百适[83]。心为茶荈剧，吹嘘对鼎𬬩[84]。"

［80］《娇女诗》：左思写两个天真顽皮的小女儿的诗作，此处是原诗的节录。

［81］粲：优美。

［82］驰骛：（争先恐后的）奔跑。

［83］这两句说，她们两个喜欢花，风雨中也跑去几百次了。适，往。

［84］这两句讲两个小姑娘着急喝茶，对着茶炉吹火。铜：同鬲，类似于鼎的炊具，三足中空。此处"茶荈"，《玉台新咏》亦作"茶菽"（茶指苦菜、菽指豆类）。未有定论。

张孟阳《登成都楼》^[85]诗云："借问扬子舍，想见长卿庐^[86]。程卓^[87]累千金，骄侈拟五侯^[88]。门有连骑^[89]客，翠带腰吴钩^[90]。鼎食随时进，百和妙且殊^[91]。披林采秋橘，临江钓春鱼，黑子过龙醢^[92]，果馔逾蟹蝑^[93]。芳茶冠六清^[94]，溢味播九区^[95]。人生苟安乐，兹土聊可娱。"

傅巽《七诲》^[96]：蒲桃宛柰^[97]，齐柿燕栗，峘阳^[98]黄梨，巫山朱橘，南中茶子^[99]，西极石蜜^[100]。

弘君举《食檄》^[101]：寒温^[102]既毕，应下霜华之茗^[103]；三爵而终^[104]，应下诸蔗^[105]、木瓜、元李、杨梅、五味^[106]、橄榄、悬豹^[107]、葵羹^[108]各一杯。

［85］《登成都楼》：成都楼，指白菟楼，亦称张仪楼，成都少
城西南门城楼。此处是节录。

［86］扬子：指扬雄。长卿：指司马相如，二人都是成都人。

［87］程卓：程，程郑；卓，卓王孙；二人皆是西汉蜀中巨富，
以冶铁发达。

［88］是说这两家骄奢过于五侯，五侯，指公、侯、伯、子、
男，亦泛指权贵之家。

［89］连骑：形容骑从之盛。

［90］吴钩：春秋吴人善铸钩，后泛指利剑。

［91］鼎食：形容贵族进餐的隆重。百和：指多种美食相调和。

［92］黑子：所指不详，一说为鱼子。龙醢（hǎi）：用龙肉制成
的酱。

［93］一作"吴馔逾蟹蝑"。蟹蝑，一作"蟹胥"。蝑（xiè），
《广韵》："盐藏蟹也。"

［94］六清：六种饮料，《周礼·天官·膳夫》："凡王之
馈……饮用六清。" 郑玄注："六清，水、浆、醴、凉、
医、酏。" 亦泛指饮料。一作"六情"，似不妥。

［95］九区：九州。

［96］《七诲》："七"为赋的一种文体形式，被称为"七
体"。《七诲》全文国内早佚，只存零散文字。现在全文
存于日本影弘仁本《文馆词林》。

［97］蒲桃宛奈：有的注家解为蒲地的桃和宛地的奈。这二者在
这里并称，应该指的是传自西域的葡萄与苹果或苹果属植

物（如沙果）。

[98] 峘阳：一作恒阳县（今河北曲阳）解，一作恒山之阳解，这两个地方都产梨。

[99] 南中茶子：南中，指四川大渡河以南、云南全省及贵州西部一带。三国蜀汉以其在巴蜀之南，故称。茶子，所指不详，有注家解为茶树籽，作为美食似不妥。此处应该为茶叶加工后的一种形态，即是茶。

[100] 西极石蜜：西极指西方极远之处，石蜜指的是精炼的蔗糖。精炼蔗糖的方法由印度和中亚传入我国西域，故此处称西极。

[101]《食檄》：檄是古代一种用于征召、晓谕、声讨的文书。《食檄》原文已佚，散见于其他书中，谈的大抵都是饮食之法。

[102] 寒温：指见面之后彼此问候，寒暄。

[103] 霜华之茗：似指煮茶之白沫如霜花。

[104] 三爵而终：爵一般作酒器解，此处若联系上下文，解为三杯茶似更合理。

[105] 诸蔗：甘蔗。

[106] 五味：此处前面列出四味，若无脱字盖指五味子。五味子，"皮肉甘酸，核中辛苦，都有咸味"，故称。

[107] 悬豹：盖为"悬钩"之误，悬钩，山莓。

[108] 葵羹：用冬葵做的羹。

孙楚《歌》[109]：茱萸出芳树颠，鲤鱼出洛水泉。白盐出河东[110]，美豉出鲁渊。姜桂茶荈出巴蜀，椒橘木兰出髙山。蓼苏[111]出沟渠，精稗出中田[112]。

华佗《食论》[113]：苦茶久食，益意思[114]。

壶居士《食忌》[115]：苦茶久食，羽化[116]；与韭同食，令人体重。

---

[109]《歌》：亦称《出歌》，原文已散佚。

[110] 白盐出河东：白盐即是食盐。河东可指郡名亦可泛指，位于今山西西南一带，是重要的池盐产区。

[111] 蓼苏：蓼，蓼属草本植物，味辛，可调味，亦可入药。苏，指紫苏，草本植物，可调味，种子可榨油。

[112] 精稗出中田：此处"稗"通"粺"，指精米，并非稗子。中田，田中。

[113] 华佗《食论》：华佗是东汉末年大医家，《后汉书》《三国志》有传。有数种署名华佗的著作，多不可考。《食论》，《后汉书·艺文志》作《华佗服食论》，今不存，部分文字存于《千金药方》《太平御览》等书中。

[114] 益意思：有益于思想、思维。

[115] 壶居士《食忌》：壶居士、亦称壶公，东汉神仙。悬壶卖药于市，晚间跳入壶中，故称。曾传仙术于费长房。《后汉书·方术列传》，《神仙传》等有载。

[116] 羽化：修炼成仙之谓，取其变化飞升之意。

郭璞《尔雅注》^[117]云：树小似栀子，冬生叶可煮羹饮^[118]。今呼早取为茶，晚取为茗，或一曰荈，蜀人名之苦茶。^[119]

《世说》^[120]：任瞻，字育长，少时有令名^[121]，自过江失志。既下饮，问人云："此为茶？为茗？"觉人有怪色，乃自申明云："向问饮为热为冷。"^[122]

---

[117] 郭璞《尔雅注》：是现存最早的保存完整的《尔雅》古注，信息丰富，影响较大。

[118] 此处注家多解为茶树常绿，常绿和冬生还是有差异的。这里说的应该是冬天发的茶芽，冬天的茶芽苦涩度低，所以可以直接做羹饮，而春茶或者其后的茶直接做羹，口感不佳，可与调料共煮成饮料。

[119] 关于茶早晚的称呼，不同古籍记载有所不同，盖时地有所不同。苦茶，在《茶经》中陆羽把郭注改写为"苦茶"，今依原文改为"苦茶"。苦茶是来源于西南地区土著语言的音译，不是表示苦的茶。陆羽为区分"茶""荼"，将之前表茶的"荼"字改为"茶"，这固然利于区分二者，但发音不同，也易带来误解。

[120] 《世说》：南朝宋刘义庆等人作，记录魏晋名士逸闻轶事、玄言清谈。后来为与西汉刘向《世说》（已佚）区别，亦称《世说新语》。

[121] 令名：好名声。

[122] 这段文字需联系当时背景方能理解。任瞻少年时为一时秀
彦，名声很大，过江后情志失堕，神情恍惚。这里讲王戎
设宴款待他，上茶之后，他（喝了一下）问别人："这是
茶还是茗？"王戎虽然位高权重，但为人极为小气吝啬，
《晋书》里面有很多这方面的故事。这里用的茶很可能是较
差的晚茶。但是宴席之间，大家心照不宣，不便挑明。任瞻
喝了觉得不对，开口便问，说明其时人心不在焉，大家脸色
变了，他才反应过来，又打圆场说自己问的是冷热。

后来王戎听说他在家里常常一个人躲在屋子里哭，就对别
人说，这孩子感情受到挫折（不太正常了），不再计较任
瞻在宴席上的失礼。

　　《续搜神记》[123]：晋武帝[124]时，宣城人秦精，常入武
昌山[125]采茗。遇一毛人，长丈余，引精至山下，示以丛茗而
去。俄而复还，乃探怀中橘以遗精。精怖，负茗而归。[126]

　　《晋四王起事》[127]：惠帝蒙尘[128]，还洛阳，黄门[129]
以瓦盂盛茶上至尊。

[123]《续搜神记》：一名《搜神后记》，志怪之书。旧题陶潜
撰，但里面有很多陶潜死后之事，盖为陶潜之后南朝人所
作，或于原作有增补。这段文字对原文有删节。

[124] 晋武帝：晋开国皇帝司马炎（236—290）。

［125］武昌山：在今湖北鄂州市南，《舆地纪胜》载其在武昌县南百九十里。

［126］原文与此略有不同，说的是秦精刚遇到毛人的时候很害怕，毛人带秦精到茶地，让他采茶，之后又给了他二十个橘子，秦精觉得很奇怪。

［127］《晋四王起事》：亦称《晋四王遗事》，东晋卢綝撰。原书已佚，清代学者黄奭于他书中采得部分。

［128］蒙尘：指帝王流亡在外，蒙受风尘。这里指惠帝伐司马颖，于荡阴战败，后被司马颖挟持返回洛阳，一路只有粗米为饭，颇为狼狈。所以下文称黄门用瓦盂盛茶，可见当时条件之简陋。

［129］黄门：黄门本为职官名，后因东汉黄门令、中黄门等多由太监担任，故称太监为黄门，这里应该是指照顾惠帝的太监。

《异苑》[130]：剡县陈务妻，少与二子寡居，好饮茶茗。以宅中有古冢，每饮辄先祀之。二子患之曰："古冢何知？徒以劳意。"意欲掘去之。母苦禁而止。其夜，梦一人云："吾止此冢三百余年，卿二子恒欲见毁，赖相保护，又享吾佳茗，虽潜壤朽骨，岂忘翳桑之报[131]。"及晓，于庭中获钱十万，似久埋者，但贯[132]新耳。母告二子，惭之，从是祷馈[133]愈甚。

［130］《异苑》：志怪小说集，南朝宋刘敬叔撰。

［131］翳桑之报：《左传》载晋国人灵辄于翳桑受饿垂死，得
到赵盾接济，后来晋灵公杀赵盾的时候，恰逢灵辄是灵公
甲士，他救了赵盾的命。后来用翳桑代指受饿困时得到接
济，知恩图报。这里指古冢中的人得到陈务妻的茶，于是
要报答她。关于翳桑的解释有所不同，有解为阴翳之桑，
有解为地名。

［132］贯：穿钱的绳子。

［133］馈：进食于人。

　　《广陵耆老传》[134]：晋元帝[135]时有老姥，每旦独提一
器茗，往市鬻[136]之，市人竞买。自旦至夕，其器不减。所得
钱散路旁孤贫乞人。人或异之，州法曹[137]絷[138]之狱中。至
夜，老姥执所鬻茗器，从狱牖[139]中飞出。

［134］《广陵耆老传》：此书作者年代不详。

［135］晋元帝：东晋开国皇帝司马睿（276—323），318—323年
在位。

［136］鬻：音yù，卖。

［137］法曹：古代司法官署，亦指掌司法的官吏。

［138］絷：音zhí，本义为捆，拴，引申为拘捕。

［139］牖：音yǒu，窗户。

唐　越窑葫芦执壶

唐　越窑秘色釉执壶

唐　越窑海棠花葵口杯

《艺术传》[140]：敦煌人单道开，不畏寒暑，常服小石子[141]。所服药有松、桂、蜜之气，所饮茶苏[142]而已。[143]

释道说《续名僧传》[144]：宋释法瑶，姓杨氏，河东人。元嘉[145]中过江，遇沈台真[146]，请真君武康小山寺，年垂悬车[147]，饭所饮茶[148]。永明中，敕吴兴礼致上京，年七十九[149]。

---

[140]《艺术传》：指《晋书·艺术列传》（列传第六十五），此处和原文有出入。

[141]服小石子：古代有辟石之法，先服药物，后服石子，令人不饥。可见《抱朴子·杂应》。

[142]茶苏：《晋书》原作荼苏，故有人认为是指屠苏酒。若做茶解，则可解为茶与紫苏共饮。

[143]单道开早期行持似道家人士，故有人认为他是道士。《高僧传》载多有人就其学仙，但从单道开对求仙者的回答来看，应该还是归于佛教。

[144]释道说《续名僧传》：所指不详，法瑶事载《高僧传》，由晋至唐佛教传记颇多，不知《续名僧传》所指何书，道说不详何人，隋唐间有释道悦，未闻有此书传世。

[145]元嘉：424—453年，南朝宋文帝刘义隆年号。

[146]沈台真：沈演之，字台真，南朝宋官员，释法瑶的大施主。

[147] 年垂悬车：古人年七十岁辞官退休，悬车不用，故称七十岁为悬车，亦泛指致仕或年老。这里当指释法瑶年纪接近七十岁，沈当时年纪没那么大。

[148] 饭所饮茶：把饮用的茶来当饭。

[149] 依《高僧传》，"永明中"为"大明"之误，永明为南朝齐年号，与此事不合，其时应在南朝宋大明年间。又依《高僧传》，法瑶春秋七十六而非七十九。敕吴兴礼致上京，指宋武帝礼请法瑶，让吴兴方面送法瑶到京城。

　　宋《江氏家传》[150]：江统，字应元，迁愍怀太子洗马[151]，尝上疏谏云："今西园卖醯、面、蓝子、菜、茶之属，亏败国体[152]。"

---

[150]《江氏家传》：《家传》指的是记载自家先祖父兄事迹以传其子孙的传记书。《江氏家传》，南朝宋江饶撰，今佚。

[151] 迁愍怀太子洗马：愍怀太子，指晋惠帝长子司马遹，性奢靡残暴，后被皇后贾南风设计所杀。时江统任太子洗马（辅佐太子的官员）因为看到太子把西园搞成菜市场取乐，行事荒诞，故而上疏。

[152] 这里是对愍怀太子的荒唐行为劝谏。醯：音xī，醋。蓝子：瓜类。

《宋录》[153]：新安王子鸾、豫章王子尚诣昙济道人于八公山，道人设茶茗。子尚味之[154]曰："此甘露也，何言茶茗？"

王微《杂诗》[155]："寂寂掩高阁，寥寥空广厦。待君竟不归，收领今就槚[156]。"

鲍照妹令晖著《香茗赋》。

南齐世祖武皇帝遗诏[157]：我灵座上慎勿以牲为祭，但设饼果、茶饮、干饭、酒脯[158]而已。

---

[153]《宋录》：不详所指，一说为王智深所撰《宋纪》，一说为裴子野《宋略》，一说为谢绰撰《宋拾遗录》。

[154] 味之：品尝它。

[155] 王微《杂诗》：王微，南朝宋诗人、画家。王微《杂诗》今存二首，此诗全文录于《玉台新咏》中，陆羽所引为最后四句。王微并未列在卷首的人名列表之中，可能是后人所加。

[156] 此诗讲的是一位采桑女盼征夫归家的场景。此处槚作何解，有争议。从上下文看，如果指喝茶，和文本的气氛似有不合。槚若指槚木（楸、梓之类），"就槚"有人认为是行将就木之意，有人认为是指槚做的家具床榻。

[157] 此遗诏《南齐书》有载，文字略有不同。齐武帝历来提倡节俭。

[158] 酒脯：酒和干肉，亦泛指酒肴。

梁刘孝绰《谢晋安王饷米等启》[159]：传诏[160]李孟孙宣教旨，垂赐米、酒、瓜、笋、菹[161]、脯、酢[162]、茗八种。气苾新城，味芳云松[163]。江潭抽节，迈昌荇之珍[164]；疆埸擢翘[165]，越茸精[166]之美。羞非纯束野麛[167]，裛似雪之驴[168]；鲊异陶瓶河鲤[169]，操如琼之粲[170]。茗同食粲[171]，酢类望柑[172]。免千里宿春，省三月粮聚[173]。小人怀惠，大懿[174]难忘。

---

[159]《谢晋安王饷米等启》：这是刘孝绰答谢晋安王萧纲馈赠的回呈。晋安王，萧纲，梁武帝第二子，后登位称简文帝。

[160]传诏：传达诏命的官员。

[161]菹：音zū，腌菜。

[162]酢：音cù，此处指醋。

[163]新城：一说是陕西临潼的新丰（历来产美酒）；一说是指今浙江富阳（其地米味道甚佳）。从下文言米而未言酒来看，此处概指酒而言。苾，音bì，芳香。味芳云松：香味直飘天上。

[164]江潭抽节：指竹笋。迈：超过。昌：指香菖蒲。荇：音xìng，荇菜，嫩茎可食。

[165]疆埸：田界、田边。埸：音yì，田界。擢：拔。翘：指特出之物，最好的。擢翘可指选最好的。

[166]茸精：精可解为精米，即精之本义。茸可解为修饰，加工。茸精即精加工后的精米。

［167］羞：同"馐"，美食。纯束：出《诗·召南·野有死麕》
　　　　"野有死鹿，白茅纯束。"指的是用白茅把死去的小鹿包
　　　　起来。此处纯应读"屯"。麕，古同"麇"，指獐子。

［168］褽：音yì，缠绕。似雪之驴，不知何典，一作"似雪之
　　　　鲈"，似更能说通。

［169］鲊：音zhǎ，腌制的鱼。河鲤：指黄河鲤鱼，古时美味。
　　　　《诗经·陈风》："岂食其鱼，必河之鲤。"陶瓶，《陶
　　　　侃故事》："苏峻平后，侃上成帝鲊十斛。"此处或用来
　　　　指美味之鲊。

［170］操：拿着。琼：美玉。粲：音càn，上等米。

［171］茗同食粲：茶同精米一样美味。

［172］酢类望柑：望柑，不详所指，或以为，指醋的口感像看到
　　　　柑（口里感到酸味）一样。

［173］指晋安王赐给他的食品很多，够吃一段时间的了，免去自
　　　　己筹集之苦。典出《庄子·逍遥游》："适百里者，宿舂
　　　　粮；适千里者，三月聚粮。"去百里之外的人头天夜里舂
　　　　粮就行了，去千里之外的人需要准备三个月的粮食。

［174］大懿：指晋安王的美德。懿：音yì，美好、美德。

　　陶弘景《杂录》[175]：苦茶轻身换骨，昔丹丘子、黄山君
服之。

　　《后魏录》[176]：琅玡王肃仕南朝，好茗饮、莼羹[177]。
及还北地，又好羊肉、酪浆。人或问之："茗何如酪？"肃
曰："茗不堪与酪为奴。"[178]

［175］陶弘景《杂录》：是书不详。《太平御览》卷八六七记此
　　　文出陶弘景《新录》。

［176］《后魏录》：所指不详。此段文字《洛阳伽蓝记·报德
　　　寺》有载。

［177］莼羹：莼菜做的羹。莼，音chún。

［178］关于这段文字，历来有完全相反的两种解释。《洛阳伽蓝
　　　记》的原文是："唯茗不中与酪作奴。"有人断为："唯
　　　茗不中，与酪为奴。"这样意思就是：只有茶不行，只能
　　　给酪作奴。我们联系当时的背景和上下文看。当时王肃在
　　　北方日久，已经比较习惯北方饮食，甚为孝文帝所重，君
　　　臣相处甚欢，孝文帝一向倾心中原文化，交谈本无太多顾
　　　忌，无需刻意诌媚。孝文帝让他比较南北饮食，他讲，羊
　　　肉和鱼比还是有优劣的，羊是齐鲁大邦，鱼是邾莒小国。
　　　接下来说"唯茗不中与酪作奴。"这个"唯"表转折，就
　　　不能再说茗比酪差得多了，所以这里的意思是茶是不能给
　　　酪作奴的。即便如此"酪奴"这个用法还是在当时流传开
　　　了，北方贵族以此来戏弄归降的江表人士，并且耻于饮
　　　食，这是由于当时文化背景与政治立场的分歧，与王肃的
　　　本意无关。

《桐君录》［179］：西阳、武昌、庐江、晋陵［180］好
茗［181］，皆东人［182］作清茗［183］。茗有饽［184］，饮之宜人。凡

可饮之物，皆多取其叶。天门冬、拔揳[185]取根，皆益人。又巴东别有真茗茶[186]，煎饮令人不眠。俗中多煮檀叶并大皂李[187]作茶，并冷[188]。又南方有瓜芦木，亦似茗，至苦涩，取为屑茶饮，亦可通夜不眠。煮盐人但资此饮，而交、广[189]最重，客来先设，乃加以香芼辈[190]。

---

[179]《桐君录》：即《桐君采药录》，本草（药物学）著作，传为黄帝臣桐君作，从三国《吴普本草》引用该书来看，其成书应不晚于东汉（但后代有加工混入内容）。原书久已散佚，部分文字存于他书之中。此段文字年代不详，从地名和用语来看，不会太早，疑为陶弘景或更晚的引文并注。陆羽列于此处，可能是对这段文字的年代有所考虑。

[180]西阳：西阳县，西汉置，治所在今河南光山西。西晋永嘉后移治今湖北黄冈东。武昌：武昌县，治所在今湖北鄂州。庐江：庐江郡楚汉之际分秦九江郡置，辖境相当于今安徽长江以南，泾县、宣城以西，江西信江流域及以北。汉武帝后移治舒（今安徽庐江西南），辖境相当于今安徽巢湖、舒城、霍山以南，长江以北，湖北英山、黄冈、黄梅和河南商城等地。晋陵，汉时所指不详，西晋永嘉五年改毘陵县为晋陵县，治所在今江苏常州。

[181]好茗：喜好茗。

[182]东人：主人。

[183]清茗：单纯的茗，不加其他佐料。

[184] 饽：饽沫、汤花。

[185] 天门冬：多年生草本，块根入药。拔揳：亦作菝葜，多年生藤本，亦称金刚藤，根茎可入药。

[186] 若从此句看，前面提到的茗可能是泛指植物饮品，巴东一代的才是真正的茶。

[187] 皂李：即鼠李。

[188] 并冷：都是寒性的。这里面可能有脱字，依《本草纲目》引文，此处作"并泠利"，指的是清凉。

[189] 交、广：交州、广州，二者常并称。东汉建武改交趾刺史部为交州，治所在广信（今广西梧州），旋移番禺（广东广州）。辖境相当于今广东、广西的大部，越南平治天以北诸省。三国吴分交州置广州，辖境相当于今广东、广西两省除广东廉江以西，广西桂江中上游、容县、北流以南、宜山以西北以外大部分地区。交州则限于广西钦州、广东雷州半岛及越南部分地区。

[190] 香芼辈：这里指芳香的野菜或水草，用以调味。辈：之类。

《坤元录》[191]：辰州溆浦县[192]西北三百五十里无射山[193]，云蛮俗当吉庆之时，亲族集会歌舞于山上。山多茶树。

《括地图》[194]：临遂县[195]东一百四十里有茶溪。

[191]《坤元录》：唐初魏王李泰主编的地理著作。宋以来多被认
　　为与《括地志》是同一本书，但近年来的研究来看，应该是
　　异本。《坤元录》一百卷，《括地志》六百卷，故亦有人认
　　为《坤元录》是《括地志》的节略本。二书唐时已有散佚，宋
　　后俱已不存，现存是他书中辑录的部分文字。

[192]辰州溆浦县：隋开皇九年（589）改武州置，治所在龙县
　　(今湖南洪江市黔城镇)。以辰溪为名。后移治沅陵县(今湖
　　南沅陵县)。辖境相当今湖南沅陵县以南沅水流域地。大业
　　初改为沅陵郡，唐武德三年（620）复为辰州。溆浦县，唐
　　武德四年（621）置，属辰州。治所即今湖南溆浦县。

[193]无射山：所指不详，从地理位置来看，盖位于今日湘西土
　　家族苗族自治州一带。无射本为周景王时所铸大钟，后借
　　指大钟或钟形山。

[194]《括地图》：应该是《括地志》，唐初魏王李泰主编的大
　　型地理著作。以唐初道、州、县分列各地，体量庞大，征
　　引广博。

[195]临遂县：《舆地纪胜》引《括地志》："临蒸县百余里
　　有茶溪。"疑即此条。临蒸县，亦作临烝县或临承县。东
　　汉建安中分郫、烝阳两县置，治今湖南省衡阳市，属衡阳
　　郡。以临烝水得名。隋开皇九年（589）改为衡阳县。唐
　　武德四年（621）复为临烝县，开元二十年（732）又改为
　　衡阳县。

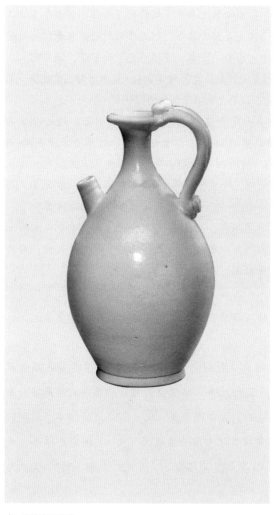

唐　邢窑白釉执壶

唐　邢窑盈字款碗

唐　邢窑白釉狮纹执壶

山谦之《吴兴记》[196]：乌程县[197]西二十里，有温山[198]，出御荈[199]。

《夷陵图经》[200]：黄牛、荆门、女观、望州等山[201]，茶茗出焉。

---

[196]《吴兴记》：区域志，南朝宋山谦之撰，三卷。是书久佚，今存辑本，记乌程、东迁、武康、长城、原乡、故鄣、安吉、临安、于潜十县事。

[197]乌程县：秦置，属会稽郡。治所在今浙江湖州市南十五里下菰城。东汉属吴郡。三国吴为吴兴郡治。东晋义熙元年移治今湖州市城区。

[198]温山：今湖州弁山之一峰。弁山在湖州城西北9公里。

[199]御荈：指贡茶。明徐献忠《吴兴掌故集》疑此处御字有讹。从年代来说确实有疑问。不过陆羽曾作《吴兴历官志》，后来又作《吴兴图经》，对吴兴历史掌故应该非常熟悉。未知原委，未有定论。

[200]《夷陵图经》："图经"是唐代官修地方志，图以定期编撰，报送中央。夷陵，古邑名。战国楚地。在今湖北宜昌市东南。西汉置夷陵县，隋置夷陵郡，辖境相当今湖北宜昌、枝城、远安等地。唐初改为硖州。天宝元年（742）复为夷陵郡，治所在夷陵县（今宜昌市）。

[201]黄牛山，在宜昌西九十里，亦称黄牛峡。荆门山，在宜昌东五十里，与虎牙衺迤相对，即楚之西塞。女观山，在宜都西北。望州山，在宜昌西北九十里，望一州之境故名，位于宜昌、宜都交界处。

《永嘉^[202]图经》：永嘉县^[203]东三百里有白茶山^[204]。

《淮阴^[205]图经》：山阳县^[206]南二十里有茶坡。

《茶陵图经》云：茶陵^[207]者，所谓陵谷^[208]生茶茗焉。

《本草·木部》^[209]："茗，苦茶。味甘苦，微寒，无毒。主瘘疮，利小便，去痰渴热，令人少睡。秋采之苦，主下气消食。"注云："春采之。"^[210]

---

[202] 永嘉：永嘉郡，东晋太宁元年（323）分临海郡置，属扬州。治所在永宁县(今浙江温州市)。辖境相当今浙江温州市，永嘉、乐清，飞云江流域及其以南地区。南朝宋属东扬州。南齐属扬州。梁、陈复属东扬州。隋开皇九年（589）废。唐天宝元年（742）改温州复置，乾元元年（758）废。

[203] 永嘉县：隋开皇九年（589）改永宁县置，属处州。治所即今浙江温州市。唐高宗上元二年（675）为温州治。

[204] 白茶山：永嘉东三百里为海，故此处白茶山有多种说法。较为可信的，应该是乐清雁荡山，雁荡山古产白茶。里数记载可能有误。

[205] 淮阴：淮阴郡，唐天宝元年（742）改楚州置，治所在山阳县（今江苏淮安市）。辖境相当今江苏盱眙、淮安、盐城、建湖、金湖、洪泽等地。乾元元年（758）复改楚州。至德时复改楚州为淮阴郡。

[206] 山阳县：东晋义熙九年（413）置，为山阳郡治。治所即今江苏淮安市。隋为楚州治。大业初属江都郡。唐为楚州

治。天宝属淮阴郡。

［207］茶陵：西汉武帝封长沙王子刘䜣为侯国（或秦时已有县），后改为县，属长沙国。治所在今湖南茶陵县东七十里古城营。东汉属长沙郡。三国吴属湘东郡。隋废。唐圣历元年（698）复置，属衡州。移治今茶陵县。

［208］陵谷：山岭和深谷。

［209］《本草·木部》：《茶经》所称《本草》，指的版本是唐代李勣、苏敬等人所撰的《新修本草》，但其中文字大部分来源于更早的本草，是先前本草的整理辑录，故会出现不一致或矛盾之处。

［210］此段文字在其他书保留的版本中颇有不同。

《本草·菜部》："苦菜，一名荼，一名选，一名游冬［211］，生益州［212］川谷，山陵道傍，凌冬不死。三月三日采，干。"注云［213］："疑此即是今茶，一名荼，令人不眠。"《本草》注［214］：按《诗》云"谁谓荼苦"［215］，又云"堇荼如饴"［216］，皆苦菜也，陶［217］谓之苦荼，木类，非菜流。［218］茗春采，谓之苦㯷途遐反。

《枕中方》［219］："疗积年瘘，苦荼、蜈蚣并炙，令香熟，等分，捣筛，煮甘草汤洗，以末傅［220］之。"

《孺子方》［221］：疗小儿无故惊蹶，以苦荼、葱须煮服之。

［211］游冬：一种菊科植物，味苦，入药。前面"苦菜，一名荼，一名选"应该来自《神农本草经》，"游冬"条应该来自其他文本，只是因为都被称为"苦菜"而列在一起，故造成混淆。

［212］益州：西汉元封五年（前106）置，为十三州刺史部之一。辖境相当今四川折多山、云南怒山、哀牢山以东，甘肃武都、两当，陕西秦岭以南，湖北郧县、保康西北，贵州除东边以外地区。王莽改为庸部。公孙述改为司隶校尉。东汉复为益州，治所在雒县（今四川广汉市北）。中平中移治绵竹（今德阳市东北黄许镇），初平中复移治雒县，兴平中移治成都（今成都市）。东汉以后辖境缩小。隋大业三年（607）改为蜀郡。唐武德元年（618）复为益州。天宝元年（742）改为蜀郡，至德二载（757）升为成都府。

［213］这段注文来自陶弘景《本草经集注》，是陶弘景对《神农本草经》的理解。

［214］这段"《本草》注"是唐本草加的注文。

［215］谁谓荼苦：出《诗经·邶风·谷风》："谁谓荼苦？其甘如荠。"（谁说荼苦，像荠一样甘甜。）

［216］堇荼如饴：出《诗经·大雅·绵》："周原膴膴，堇荼如饴。"（周的原野肥沃，堇菜和荼都甜美。）

［217］陶：指陶弘景《本草经集注》。

［218］《唐本草》认为茶应该是木本植物，这里苦菜并非是茶。

［219］《枕中方》：一般《枕中方》指孙思邈《摄养枕中方》，一本养生著作，并非此书。另孙思邈《备急千金要方》中有一方亦名《枕中方》，亦非此方。另有孙思邈《神枕方》一卷，从残存文字看，用药手法颇类此方，此书很可能就是指《神枕方》。

［220］傅：涂。

［221］《孺子方》：所指不详，小儿医书之类。

八之出[1]

[1]此章中按照唐时"道""州""县"的层级分列。

山南[2]

以峡州[3]上，峡州生远安[4]、宜都[5]、夷陵[6]三县山谷。襄州[7]、荆州[8]次，襄州生南漳县[9]山谷，荆州生江陵县[10]山谷。衡州[11]下，生衡山[12]、茶陵[13]二县山谷。金州[14]、梁州[15]又下。金州生西城[16]、安康[17]二县山谷，梁州生褒城[18]、金牛[19]二县山谷。

[2]山南：山南道，唐贞观元年（627）置，辖境相当今四川嘉陵江流域以东，陕西秦岭、甘肃嶓冢山以南，河南伏牛山西南，湖北涢水以西，自重庆至湖南岳阳之间的长江以北地区。开元二十一年（733）分为山南东道、山南西道。

[3]峡州：亦作硖州，北周武帝改拓州置，因扼三峡之口得名。治夷陵县（今宜昌市夷陵区），唐贞观时移治今宜昌市。

[4]远安：远安县，北周武成元年（559）改高安县置，为汶阳郡治。治所在亭子山下(今湖北远安县西北旧县镇)。隋大业初属夷陵郡。唐属硖州。

[5]宜都：宜都县，南朝陈天嘉元年（560）置，为宜都郡治。治所即今湖北宜都市。隋开皇十一年（591）改名宜昌县。唐武德二年（619）复名宜都县，为江州治。后属硖州。

[6]夷陵：夷陵县，西汉置，属南郡，为都尉治。治所在今湖

北宜昌市东南长江北岸。东汉建安十四年（209）为宜都郡治。三国吴改为西陵县。西晋太康元年（280）复为夷陵县。南朝宋属宜都郡。南齐移治下牢戍(今宜昌市夷陵区)。隋大业初为夷陵郡治。唐武德四年（621）为硖州治。贞观九年（635）移治步阐垒(今宜昌市)。

[7] 襄州：西魏恭帝元年（554）改雍州置，治所在襄阳县(今湖北襄阳市襄阳区)。隋大业三年（607）改为襄阳郡。唐武德四年（621）复为襄州。天宝元年（742）改为襄阳郡。乾元元年（758）复为襄州。辖境相当今湖北襄阳、老河口、南漳、宜城、谷城等地。

[8] 荆州：西汉元封五年(前106) 置，为 "十三刺史部"之一。辖境约当今湖北、湖南二省及河南、贵州、广西、广东等省部分地。东汉治所在汉寿县(今湖南常德市东北)。初平元年（190）刘表徙治襄阳 (今湖北襄阳市襄阳区)。后治所屡徙，东晋时定治江陵县 (今湖北荆州市荆州区)，辖境大为缩小。隋大业初废。唐武德四年（621）复置，天宝元年（742）改为江陵郡，乾元元年（758）复为荆州。辖境相当今湖北松滋至石首间长江流域北部，兼有今荆门、当阳等地。上元元年（760）升为江陵府。

[9] 南漳县：隋开皇十八年（598）改思安县置，属襄州。治所即今湖北南漳县。

[10] 江陵县：秦置，为南郡治。治所即今湖北荆州市江陵县。西晋为荆州治。南朝梁承圣元年（552），萧绎即帝位，建都于此。后梁萧詧亦都此。隋为南郡治。唐为江陵府治。

[11] 衡州：隋开皇九年（589）置。以衡山得名。治衡阳县(今衡阳市)。辖境约当今湖南衡山和常宁、耒阳间的湘江流域。大业、唐天宝、至德间曾改为衡山郡。

［12］衡山：衡山县，西晋改衡阳县置，属衡阳郡。治所在今湖
南衡山县南。隋废。唐天宝八年（749）改湘潭县置，属衡
阳郡（后改衡州）。治所在今湖南衡山县东。五代移今治。

［13］茶陵：茶陵县，西汉武帝封长沙王子刘诉为侯国，后改为
县，属长沙国。治所在今湖南茶陵县东七十里古城营。东
汉属长沙郡。三国吴属湘东郡。隋废。唐圣历元年（698）
复置，属衡州。移治今茶陵县。

［14］金州：西魏废帝三年（554）改东梁州置，治所在西城县
（北周改吉安县，即今陕西安康市）。隋大业三年（583）
废。唐武德元年（618）复改西城郡为金州，仍治西城
县（今安康市）。辖境相当今陕西石泉县以东、旬阳县以
西的汉水流域。天宝元年（742）改为安康郡，至德二年
（757）又改汉南郡，乾元元年（758）复为金州。

［15］梁州：三国魏景元四年（263）分益州置，治所在沔阳县（今
陕西勉县东）。西晋太康三年（282）移治南郑县（今陕西汉
中市东）。辖境相当今陕西秦岭以南，大巴山以西，四川青
川、江油、中江、遂宁、重庆璧山、綦江等县市以东及贵州
桐梓、正安等县地。其后治所屡有迁徙，先后治西城县（今安
康市西北）、苞中县（今汉中市西北打钟寺）、城固县（今城固
县东）等县。南朝宋元嘉十一年（434）还治南郑县。隋大业
三年（607）废。唐武德元年（618）复置，辖境相当今陕西
汉中、城固、南郑、勉县等地及宁强县北部地区。天宝元年
（742）改为汉中郡，乾元元年（758）复为梁州。

［16］西城：西城县，秦置，属汉中郡。治所在今陕西安康市西

北汉水之北。东汉为西城郡治。三国魏黄初二年（221）为魏兴郡治。晋属魏兴郡。北魏移治汉水之南，即今安康市。北周天和四年（569）废。隋义宁二年（618）复改金川县为西城县，治所即今安康市。唐为金州治。天宝元年（742）为安康郡治，至德二年（757）为汉阴郡治，乾元元年（758）复为金州治。

[17] 安康：安康县，西晋太康元年（280）改安阳县置，属魏兴郡。治所在今陕西石泉县东南池河入汉水口之北。南朝宋为安康郡治。北周移治今石泉县南汉江西南岸石泉咀附近。隋属西城郡。唐至德二年（757）改名汉阴县。

[18] 褒城：褒城县，隋仁寿元年（601）改褒内县置，属梁州。治所在今陕西汉中市西北打钟寺。大业初属汉中郡。义宁二年（618）改为褒中县。唐贞观三年（629）复名褒城县，属梁州。

[19] 金牛：金牛县，唐武德三年（620）置，属褒州。治所即今陕西宁强县东北大安镇。

淮南[20]

以光州[21]上，生光山县黄头港[22]者，与峡州同。义阳郡[23]、舒州[24]次，生义阳县钟山[25]者与襄州，舒州生太湖县潜山[26]者与荆州同。寿州[27]下，盛唐县[28]生霍山[29]者与衡山同也。蕲州[30]、黄州[31]又下。蕲州生黄梅县[32]山谷，黄州生麻城县[33]山谷，并与金州、梁州同也。

［20］淮南：淮南道，贞观元年（627）置，辖境相当今淮河以南、长江以北，东至海，西至湖北广水、应城、汉川一带。开元二十一年（733）置淮南道采访处置使，治所在扬州（今江苏扬州市）。乾元元年（758）废。

［21］光州：南朝梁置，治所在光城县(今河南光山县)。隋大业初改弋阳郡。唐武德三年（620）复为光州，治所在光山县(今河南光山县)，太极元年（712）移治定城县（今河南潢川县）。辖境相当今河南潢川、光山、新县、固始、商城及安徽金寨县西部地。

［22］光山县黄头港：光山县：隋开皇十八年（598）置，为光州治。治所即今河南光山县。大业初为弋阳郡治。唐武德三年（620）为光州治。黄头港：今光山县杏山、独山一带。

［23］义阳郡：三国魏文帝时置，属荆州。治所在安昌县(今湖北枣阳市南)。后废。东晋末改义阳国复置，移治平阳县(今河南信阳市)。南朝宋属南豫州，后为司州治。辖境相当今河南信阳市，罗山县和桐柏县东部及湖北随州、广水二市、大悟县部分地。南齐改为北义阳郡。梁为司州治。东魏武定七年（549）改为义阳郡，为南司州治。北齐为郢州治。北周为申州治。隋开皇初废。大业三年（607）改义州为义阳郡。治所平阳县亦改为义阳县。唐初改为申州。天宝元年（742）复改义阳郡。乾元元年（758）复改为申州。

［24］舒州：唐武德四年（621）改同安郡置，治所在怀宁县(今安

徽潜山县)。辖境相当今安徽安庆、怀宁、潜山、岳西、宿松、太湖、望江、桐城、枞阳等地。天宝元年（742）复为同安郡。至德二年（757）改为盛唐郡，乾元元年（758）复为舒州。

[25] 义阳县钟山：义阳县：三国魏文帝置，为义阳郡治。治所在今河南信阳西北。后废。西晋初复置，属义阳郡。后废。南朝宋孝建三年（456）复置。南齐属北义阳郡。北魏正始元年（504）属义阳郡。隋开皇初改平阳县置，为申州治。治所在今河南信阳市。大业初为义阳郡治。唐武德四年（621）为申州治。钟山：作为县名在今信阳市平桥区、浉河区一带。作为山名，是在钟山县西，县因山得名。

[26] 太湖县潜山：太湖县，北齐改太湖左县为太湖县，属龙安郡。治所即今安徽太湖县。隋开皇三年（583）改为晋熙县，十八年（598）复为太湖县，属熙州，大业初属国安郡。唐属舒州。潜山，在今潜山县西北。

[27] 寿州：隋开皇九年（589）置，治所在寿春县(今安徽寿县)。大业三年（607）改为淮南郡。唐武德三年（620）复为寿州。天宝元年（742）改为寿春郡，乾元元年（758）复为寿州。辖境相当今安徽寿县、六安、霍山、霍邱等地。

[28] 盛唐县：唐开元二十七年（739）改霍山县置，属寿州。治所在骈虞城(即今安徽六安市)。

[29] 霍山：作为县名，隋开皇初改岳安县置，属庐州。治所即今安徽霍山县。大业初属庐江郡。唐神功初改为武昌县，

神龙初复为霍山县。开元二十七年（739）废入盛唐县。天宝元年（742）复置，属寿州。作为山名，即今安徽潜山县天柱山。霍山在唐时是重要茶产区，产"霍山小团""霍山黄芽"等名茶。

［30］蕲州：南朝陈改罗州置，治所在齐昌县（今湖北蕲春县西北六里罗州城）。隋大业三年（607）改为蕲春郡。唐复改为蕲州。辖境相当今湖北蕲春、浠水、罗田、英山、黄梅、武穴等地。

［31］黄州：北周大象元年（579）改南司州（司州）置，治所在黄城（今湖北武汉市黄陂区东）。隋开皇初废。隋开皇五年（585）置，治所在南安县（开皇十八年改名黄冈县，即今湖北武汉新洲区）。大业初改为永安郡。唐初复为黄州。天宝初改为齐安郡。乾元初复为黄州。中和五年（885）徙治邾县故城南（今湖北黄冈市）。

［32］黄梅县：隋开皇十八年（598）改新蔡县置，属蕲州。治所在今湖北黄梅县西北大河镇。大业初属蕲春郡。唐属蕲州。

［33］麻城县：隋开皇十八年（598）改信安县置，属黄州。治所在今湖北麻城市东十五里。大业初属永安郡。唐属黄州，元和三年（808）废。大中三年（849）复置。

唐　琉璃茶盏及茶托

唐　菱形双环纹深直筒琉璃杯

唐　水晶多曲杯

唐　瓣团花描金蓝琉璃盘

浙西[34]

以湖州[35]上，湖州，生长城县顾渚山谷[36]，与峡州、光州同；生山桑、儒师二坞[37]，白茅山、悬脚岭[38]，与襄州、荆州、义阳郡同；生凤亭山伏翼阁[39]、飞云、曲水二寺[40]、啄木岭[41]，与寿州、常州同。生安吉[42]、武康[43]二县山谷，与金州、梁州同。常州[44]次，常州义兴县[45]生君山悬脚岭[46]北峰下，与荆州、义阳郡同；生圈岭善权寺[47]、石亭山[48]与舒州同。宣州[49]、杭州[50]、睦州[51]、歙州[52]下，宣州生宣城县雅山[53]，与蕲州同；太平县[54]生上睦、临睦[55]，与黄州同；杭州临安[56]、於潜[57]二县生天目山[58]，与舒州同。钱塘[59]生天竺、灵隐二寺[60]，睦州生桐庐县[61]山谷，歙州生婺源[62]山谷，与衡州同。润州[63]、苏州[64]又下。润州江宁县[65]生傲山[66]，苏州长洲县[67]生洞庭山[68]，与金州、蕲州、梁州同。

---

[34]浙西：浙江西道，乾元元年（758）置，建中二年（781）建号镇海军。初治昇州（今江苏南京市），寻徙治苏州（今江苏苏州市），后移治宣州（今安徽宣城市）；贞元后定治润州（今江苏镇江市）。景福二年（893）又移治杭州（今浙江杭州市）。贞元后长期稳定的辖境相当今江苏省长江以南、茅山以东及浙江省新安江以北地区和上海市。

[35]湖州：隋仁寿二年（602）置，治所在乌程县（今浙江湖州市城区）。辖境当今浙江湖州市，长兴、安吉二县及德清县东部地。大业初废。唐武德四年（621）复置，天宝元年（742）改吴兴郡，乾元元年（758）复为湖州。

[36] 长城县顾渚山谷：长城县，西晋太康三年（282）分乌程县置，属吴兴郡。治所在富陂村(今浙江长兴县东十八里)。东晋咸康元年（335）移治箬溪北(今长兴县东二里)。隋开皇九年（589）省。仁寿二年（602）复置，属湖州。大业初属吴郡，大业十二年（615）徙治夫王故城(今长兴县南古城)，大业末于此置长州。唐武德四年（621）改绥州，寻改雉州，武德七年（624）州废，县属湖州，并徙治今长兴县(雉城镇)。顾渚山，即今长兴县顾渚山。顾渚山是唐代重要贡茶产地，贞元后每岁进奉顾渚紫笋。陆羽后来［大历六年（771）］曾寓于顾渚山区考察茶事，著有《顾渚山记》，并有《与杨祭酒书》记其事："顾渚山中紫笋茶两片，此物但恨帝未得尝，实所叹息。一片上太夫人，一片充昆弟同啜。"

[37] 山桑、儒师二坞：坞，指四面高中间低的地方。山桑坞：《长兴县志》载"'山桑坞'在顾渚山侧，去县三十五里。"皮日休诗"筐筥晓携去，蓦个山桑坞"。儒师坞：《嘉泰吴兴志·河渎》载合溪"在县西北六十里，源出苍云岭，至山半分为二道，绕孺狮坞南合为一。"

[38] 白茅山、悬脚岭：白茅山，即白茆山，县西北七十里，今名白猫山。悬脚岭，亦在县西北七十里，与白猫山相邻，今仍名悬脚岭。

[39] 凤亭山伏翼阁：凤亭山在县西北四十里。《长兴县志》载县西北三十九里有伏翼涧，伏翼阁应在涧边所筑。

[40] 飞云、曲水二寺：飞云寺，《长兴县志》载："飞云寺位

于飞云山，在县西三十里合溪，南朝宋元徽五年建。"曲水寺，《长兴县志》："在县西五十八里曲水村，陈大建五年建，名曲水寺。"

[41] 啄木岭：《长兴县志》载在县北五十里。

[42] 安吉：安吉县，东汉中平二年（185）分故鄣县置，属丹阳郡。治所在天目乡(今浙江安吉县西南孝丰镇)。三国吴宝鼎元年（266）分属吴兴郡。南朝梁属广梁郡。陈属陈留郡。隋开皇九年（589）废。义宁二年（618）沈法兴复置，唐武德四年（621）改属桃州，武德七年（624）又废。麟德元年（664）再置，属湖州。开元二十六年（738）徙治玉磐山东南(今安吉县东北二十五里)。

[43] 武康：武康县，西晋太康元年（280）改永安县置，属吴兴郡。治所在今浙江德清县西。隋开皇九年（589）废，仁寿二年（602）复置，属湖州。徙治今德清县 (武康镇)。大业三年（607）改属余杭郡。唐初李子通于此置安州，寻改武州，武德七年（624）复属湖州。

[44] 常州：隋开皇九年（589）改晋陵郡置，治所在常熟县 (今江苏常熟市西北)。后移治晋陵县(今江苏常州市)。大业初改为毗陵郡。唐武德三年（620）复为常州。垂拱二年（686）又分晋陵县西界置武进县，同为州治。天宝初改为晋陵郡，乾元初复为常州。辖境相当今江苏常州、无锡、江阴、武进、宜兴等地。

[45] 义兴县：隋开皇九年（589）改阳羡县置，属常州。治所即今江苏宜兴市。大业初属毗陵郡。唐属常州。《唐义兴县

重修茶舍记》载：陆羽曾向常州刺史李栖筠建议进贡义兴茶。此为阳羡贡茶之滥觞，称"阳羡紫笋"。考其年代，当在《茶经》成书之后。

[46] 君山：即今宜兴市西南铜官山、亦名荆南山。

[47] 圈岭善权寺：在今宜兴市西善卷山，梁武帝时建寺，故址是三国孙皓封禅之"祝英台"。

[48] 石亭山：宜兴城西南一小山，因石亭得名。宋后成为赏梅胜地。

[49] 宣州：隋开皇九年（589）改宣城郡置，治所在宛陵县（大业初改宣城县，今安徽宣城市）。辖境相当今安徽长江以南，郎溪、广德以西，旌德以北，东至以西地。大业初改为宣城郡。唐武德三年（620）复为宣州。天宝元年（748）改为宣城郡。乾元元年（758）复为宣州。

[50] 杭州：隋开皇九年（589）置，治所在余杭县（今浙江杭州余杭区）。次年移治钱塘县（今浙江杭州市）。开皇十一年（591）又移治柳浦（今浙江杭州市南凤凰山麓、钱塘江滨）西。隋大业及唐天宝、至德间尝改余杭郡。隋建江南运河以此为终点。辖境相当今浙江杭州、海宁、余杭、富阳、临安等地。

[51] 睦州：隋仁寿三年（603）置，治所在新安县（今浙江淳安县西千岛湖威坪岛附近）。辖境相当今浙江淳安、桐庐二县地。大业三年（607）改遂安郡，徙治雉山县（今浙江淳安县西千岛湖南山岛附近）。唐武德四年（621）复为睦州。七年（624）改为东睦州，八年（625）复改睦州。万岁通天二年（697）移治建德县（今浙江建德市东北五十里

梅城镇)。辖境相当今浙江建德、淳安、桐庐等地。天宝元年（742）改为新定郡，乾元元年（758）又复为睦州。

［52］歙州：隋开皇九年（589）置，治所在海宁县（后改为休宁县，今安徽休宁县东十里万安镇）。大业三年（607）改为新安郡。隋末移治歙县（今安徽歙县）。唐武德四年（621）复为歙州，治所仍在歙县。天宝元年（742）改为新安郡。乾元元年（758）又改为歙州。辖境相当今安徽新安江流域，祁门及江西婺源等地。

［53］宣城县雅山：宣城县：西汉置，属丹阳郡。治所在今安徽南陵县东三十里青弋江西岸弋江镇，隔江接宣城市界。东汉省。汉末复置。西晋属宣城郡。隋开皇九年（589）废。隋开皇九年（589）改宛陵县置，为宣州治。治所即今安徽宣城市。雅山：亦称鸦山、鸦山、丫山，在今安徽郎溪县姚村乡。唐杨晔：《膳夫经手录》："宣州鸦山茶，亦天柱之亚也。"五代毛文锡《茶谱》："宣城有丫山小方饼。"

［54］太平县：唐天宝十一年（752）分泾县西南十四乡置，属宣城郡。治所在今安徽黄山市黄山区东仙源镇。《寰宇记》卷一〇三太平县："时以天下晏然，立为太平县。"乾元初，属宣州。大历中废。永泰中复置。

［55］上睦、临睦：太平县二地名，舒溪自黄山东面北流至太平县，称为睦溪，上睦在黄山北麓、临睦在其北。

［56］临安：临安县，西晋太康元年（280）改临水县置，属吴兴郡。治所在今浙江临安市北高虹镇。隋省。唐垂拱四年（688）复置临安县，属杭州。

［57］於潜：於潜县，东汉改於㬁县置，属丹阳郡。治所在今
　　　浙江临安市西於潜镇。三国吴属吴兴郡。南朝陈改属钱唐
　　　郡。隋属余杭郡。唐属杭州。

［58］天目山：即今浙江临安市北天目山，古称浮玉山。《元和郡
　　　县志》："有两峰，峰顶各一池，左右相称，名曰天目。"

［59］钱塘：钱塘县：南朝时改钱唐县置，治所即今浙江杭州
　　　市。隋开皇十年（590）为杭州治，大业初为余杭郡治，
　　　唐初复为杭州治。

［60］天竺、灵隐二寺：今杭州西湖西部，"以飞来峰之南为天
　　　竺，以飞来峰之北为灵隐。"古天竺、灵隐二寺常并称。
　　　东晋咸和年间西印度僧慧理开山，后代有兴废，峰南渐分
　　　为上中下天竺。《咸淳临安志》载陆羽曾作《灵隐天竺二
　　　寺记》，今不存。

［61］桐庐县：三国吴黄武五年（226）分富春县置，属东安郡。
　　　治所在今浙江桐庐县西二十五里。七年（228）改属吴郡。
　　　隋开皇九年（589）省。仁寿二年（602）复置，属睦州，
　　　徙治今县西八里旧县镇。大业初属遂安郡。唐武德四年
　　　（621）为严州治。七年州废，仍属睦州。开元二十六年
　　　（738）徙今桐庐县治。

［62］婺源：婺源县，唐开元二十八年（740）置，属歙州。治所即今
　　　江西婺源县西北清华镇。天祐中移治弦高镇（即今婺源县）。

［63］润州：隋开皇十五年（595）置，治所在延陵县(今江苏镇
　　　江市)。大业三年（607）废。唐武德三年（620）复置，治
　　　所在丹徒县(今江苏镇江市)。天宝元年（742）改为丹阳

郡。乾元元年（758）复为润州。辖境相当今江苏南京、句容、镇江、丹阳、金坛等地。

[64] 苏州：隋开皇九年（589）改吴州置，治所在吴县(今江苏苏州市西南横山东)。大业初复为吴州，寻又改为吴郡。唐武德四年（621）复为苏州，七年（624）徙治今苏州市。辖境相当今江苏苏州、常熟市以东，浙江桐乡、海盐东北和上海市大陆部分。开元二十一年（733）后，为江南东道治所。天宝元年（742）复为吴郡。乾元后仍为苏州。

[65] 江宁县：西晋太康二年（281）改临江县置，属丹阳郡。治所在今江苏南京江宁区江宁镇。隋开皇十年（590）移治冶城(今南京市朝天宫一带)。唐武德三年（620）改名归化县。贞观九年（635）复改白下县为江宁县，属润州。至德二年（757）为江宁郡治。乾元元年（758）为升州治。上元二年（761）改为上元县。

[66] 傲山：在今南京市郊。

[67] 长洲县：唐武则天万岁通天元年（696）分吴县置，与吴县并为苏州治。治所即今江苏苏州市。

[68] 洞庭山：在今江苏吴县西南。有东、西二山。东山古称胥母山，又名莫釐山，原系湖中小岛，元明以后始与陆地相连成半岛。今名洞庭东山或东洞庭山。俗称东山。西山为太湖中最大岛屿，古称包山，一作苞山，又名夫椒山。今名洞庭西山或西洞庭山，俗称西山。在唐代称洞庭山，应指洞庭西山。

剑南[69]

以彭州[70]上，生九陇县[71]马鞍山至德寺、棚口[72]，与襄州同。绵州[73]、蜀州[74]次，绵州龙安县[75]生松岭关[76]，与荆州同；其西昌[77]、昌明[78]、神泉县西山[79]者并佳，有过松岭者不堪采[80]。蜀州青城县[81]生丈人山[82]，与绵州同。青城县有散茶、木茶[83]。邛州[84]次，雅州[85]、泸州[86]下，雅州百丈山、名山[87]，泸州泸川[88]者，与金州同也。眉州[89]、汉州[90]又下。眉州丹棱县[91]生铁山[92]者，汉州绵竹县[93]生竹山[94]者，与润州同。

---

［69］剑南：剑南道，唐贞观元年（627）置，为全国十五道之一。以在剑阁之南得名。开元二十一年（733）变为政区，为十五道之一，治所在益州（后升为成都府，今四川成都市）。辖境相当于今四川涪江流域以西，大渡河流域和雅砻江下游以东；云南澜沧江、哀牢山以东、曲江、南盘江以北；及贵州水城、普安以西和甘肃文县一带。乾元元年（758）废。

［70］彭州：唐武德元年（618）置，治所在彭原县（今甘肃庆阳市西峰区北彭原乡）。辖境相当于今甘肃庆阳市西峰区地。贞观元年（627）废。唐贞观七年（633）改羁縻洪州置，属松州都督府。治所在今四川马尔康县东。后废。唐垂拱二年（686）置，治所在九陇县（今四川彭州市）。天宝元年（742）改为濛阳郡，乾元元年（758）复为彭州。辖境相当今四川彭州、都江堰二市地。

［71］九陇县：北周武成二年（560）改南晋寿县置，属九陇郡。

治所在今四川彭州市西北。隋属蜀郡。唐为彭州治,移治今彭州市。

[72] 马鞍山至德寺、棚口:今日彭州市丹景山、三昧水一带。棚口茶为唐代名茶,五代毛文锡《茶谱》:"彭州有蒲村、堋口、灌口,其园名仙崖、石花等,其茶饼小而市,嫩芽如六出花者,尤妙。"堋口即棚口。

[73] 绵州:隋开皇五年(585)改潼州置,治巴西县(今绵阳市东)。辖境相当今四川绵阳、江油、安县等地。大业初改为金山郡。唐武德元年(618)复为绵州。天宝元年(742)改为巴西郡,乾元元年(758)复为绵州。

[74] 蜀州:唐垂拱二年(686)析益州置,治所在晋原县(今四川崇州市)。辖境相当今四川崇州、新津等地。天宝元年(742)改为唐安郡。乾元元年(758)复为蜀州。唐代蜀州名茶有:"雀舌、鸟咀、麦颗、片甲、蝉翼,皆是散茶上品。"(见五代毛文锡《茶谱》)

[75] 龙安县:唐武德三年(620)置,属绵州。治所在今四川安县东北。天宝初属巴西郡,乾元初属绵州。五代毛文锡《茶谱》载:"龙安县有骑火茶,最上。"(骑火不在明前,不在明后,清明改火,故称骑火茶。)

[76] 松岭关:在今四川北川县西北。唐杜佑《通典》卷一七六龙安县:松岭关"在县西北百七十里"。为川中入茂汶、松潘要道,唐初设关。

[77] 西昌:西昌县,唐永淳元年(682)改益昌县置,属绵州。治所在今四川安县花荄镇。天宝初属巴西郡,乾元初

复属绵州。

[78] 昌明：昌明县，唐先天元年（712）因避讳改昌隆县置，属绵州。治所在今四川江油市彰明镇。天宝初属巴西郡，乾元初复属绵州。白居易诗《春尽日》："渴尝一碗绿昌明。"《唐国史补》载名茶"昌明兽目"，且所产茶亦运往西藏。

[79] 神泉县西山：神泉县，隋开皇六年（586）改西充国县置，属绵州。治所在今四川安县南五十里塔水镇。大业初属金山郡。唐武德初属绵州，天宝初属巴西郡，乾元初属绵州。西山，在今塔水镇西，县名"神泉"即因此山泉水而得名。《唐国史补》载名茶有："神泉小团。"

[80] 指绵州之茶过了松岭还有，但是品质不佳，没必要采摘。

[81] 青城县：唐开元十八年（730）改清城县置，属蜀州。治所在今四川都江堰市东南徐渡乡。以青城山为名。天宝初属唐安郡，乾元初复属蜀州。

[82] 丈人山：即青城山，黄帝封青城山为五岳丈人，故名。

[83] 散茶、木茶：唐代茶叶形态常见有饼茶、散茶、粗茶、末茶等，未见"木茶"之说，或为"末茶"之误。

[84] 邛州：南朝梁置，治所在蒲口顿（西魏改置依政县，在今四川邛崃市东南五十五里）。隋大业二年（606）废。唐武德元年（618）复置，治依政县。显庆二年（657）移治临邛县(今邛崃市)。天宝元年（742）改为临邛郡，乾元元年（758）复为邛州。辖境相当今四川邛崃、大邑、蒲江等地。

[85] 雅州：隋仁寿四年（604）置，治所在蒙山县(今四川雅安

市西)。大业三年（607）改为临邛郡。唐武德元年（618）复改雅州。治所严道县（今雅安市西)。天宝元年（742）改为卢山郡，乾元元年（758）复改为雅州。辖境相当今四川雅安、荥经、天全、芦山、宝兴等地。

［86］泸州：南朝梁大同中置，治所在江阳县（今四川泸州市)。《元和志》卷三十三泸州："取泸水为名。"隋大业三年（607）改为泸川郡。唐武德元年（618）复改泸州，天宝元年（742）改为泸川郡，乾元元年（758）又改为泸州。辖境相当于今四川沱江下游及长宁河、永宁河、赤水河流域。

［87］雅州百丈山、名山：百丈山，在今四川名山县东北六十里。《旧唐书·地理志》："百丈县有百丈山。唐武德元年置百丈镇。"名山：即蒙山、蒙顶山，位于名山县西北十里。蒙顶茶在唐代极负盛名，唐裴汶《茶述》列为贡茶翘楚，在唐代诗文中常被提及，甚为名贵。《膳夫经手录》："元和以前，束帛不能易一斤先春蒙顶。"此处被列为下品，故注家多不确认此处名山即蒙山。名山县另有鸡鸣山，亦称鸣山，但非此处名山。以蒙顶山茶在唐代之盛名，陆羽没有提及亦是奇特之事。这里面可能的原因是，蒙山茶成为贡茶声名大震是中晚唐的事，现存可靠的贡茶记录是《元和郡县志》（唐宪宗时），玄宗贡茶说存疑，其他称颂也都在此后。陆羽可能没有尝到当时较好的蒙山茶，而蒙山茶之名尚未远播。从地理位置来看，即便名山所指可能与后来的蒙顶茶主产区略有差异，但指蒙山一带应无问题。实际上"名山"之名，即是来自蒙山，陆羽时代并无歧义，并非

另有一山。陆羽未列并不代表蒙山茶不佳，只能说时节因缘所致，成名略晚。

[88] 泸川：隋大业元年（605）改江阳县置，为泸州治。治所在今四川泸州市。三年（607）为泸川郡治。唐武德元年（618）为泸州治。

[89] 眉州：西魏废帝三年（554）改青州置，治所在齐通郡齐通县（今四川眉山市）。北周辖境相当今四川眉山、丹棱、青神等地。隋废。唐武德二年（619）复置，治所在通义县（今四川眉山市）。天宝元年（742）改为通义郡，乾元元年（758）复为眉州。辖境扩大，相当今四川眉山、彭山、丹棱、洪雅、青神等地。《茶谱》载眉州茶："饼茶如蒙顶制法，散茶叶大而黄、味甘苦。"

[90] 汉州：唐垂拱二年（686）分益州置，治所在雒县（今四川广汉市）。辖境相当今四川广汉、德阳、绵竹、什邡、金堂等地。天宝元年（742）改为德阳郡，乾元元年（758）复改为汉州。

[91] 丹棱县：北周明帝置齐乐县，武帝改为洪雅县。隋开皇十三年（593）改为丹棱县（今四川眉山市丹棱县），属嘉州。唐属眉州。

[92] 铁山：或即铁桶山，在丹棱县东南四十里。

[93] 绵竹县：西汉置。治今四川德阳市北黄许镇。属广汉郡。北周省。隋大业二年（606）改孝水县复置，治今绵竹市。属蜀郡。唐至明属汉州。

[94] 竹山：应指绵竹山，又名紫岩山，今绵竹市北紫岩山。

唐　耀州窑执壶

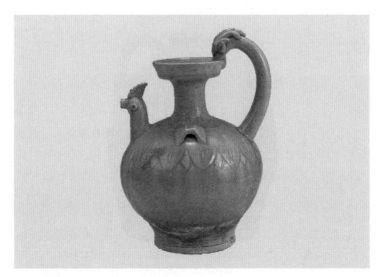

唐　洪州窑鸡头壶

唐 长沙窑执壶

唐 长沙窑执壶

唐　长沙窑绿釉执壶

唐晚期　耀州窑黑釉铁斑堆花执壶

唐 长沙窑彩绘执壶

浙东[95]

以越州[96]上，余姚县[97]生瀑布泉岭[98]曰仙茗[99]，大者殊异[100]，小者与襄州同。明州[101]、婺州[102]次，明州贸县[103]生榆荚村[104]，婺州东阳县东白山[105]与荆州同。台州[106]下。台州始丰县[107]生赤城[108]者，与歙州同。

---

[95] 浙东：浙江东道，乾元元年（758）置，治所在越州（今浙江绍兴市）。长期领有越、衢、婺、温、台、明、处七州，相当今浙江省衢江流域、浦阳江流域以东地区。

[96] 越州：隋大业元年（605）改吴州置，治所在会稽县(今浙江绍兴市)。辖境相当今浙江浦阳江 (浦江县除外)、曹娥江、甬江流域。大业三年（607）改为会稽郡。唐武德四年（621）复改越州，天宝、至德间又改会稽。乾元元年（758）复改越州。

[97] 余姚县：秦置，属会稽郡。治所即今浙江余姚市姚江北岸。隋开皇九年（589）省。唐武德四年（621）复置，为姚州治，七年（624）后属越州。

[98] 瀑布泉岭：余姚市梁弄镇白水冲一带（属四明山脉道士山）。

[99] 仙茗：此处传说即是《七之事》中载虞洪遇丹丘子之地，茶乃丹丘子授予虞洪，故称仙茗。

[100] 大者殊异：《七之事》中载虞洪经丹丘子指示，获"大茗"。此处又称"大者殊异"，似有呼应。有人认为此处瀑布泉岭非上文引《神异记》中的瀑布山，从"大

茗""仙茗""大者"的呼应来看，至少陆羽认为是有内在联系的。这种大茗，品种与别处差异很大，符合"仙茗"的定位与想象。而此地也有普通品种，故称"小者与襄州同"。

[101] 明州：唐开元二十六年（738）分越州置，治所在鄮县(今浙江宁波市鄞州区鄞江镇)。辖境相当今浙江宁波、慈溪、奉化等地和舟山群岛。天宝元年（742）更名余姚郡，乾元元年（758）复为明州。长庆元年（821）迁治今宁波市。

[102] 婺州：隋开皇九年（589）分吴州置，治所在吴宁县(今浙江金华市)。辖境相当今浙江金华江、衢江流域各市县地。大业初改为东阳郡。唐武德四年（621）复置婺州，垂拱二年（686）后辖境缩小至今浙江省金华江流域及兰溪、浦江诸市县地。天宝元年（742）又改东阳郡，乾元元年（758）复为婺州。

[103] 鄮县：即鄞县，秦置，属会稽郡。治所在今浙江宁波鄞州区宝幢乡阿育王寺附近。隋开皇九年（589）省。唐武德八年（625）复置，属越州，移治今浙江宁波鄞州区鄞江镇。开元二十六年（738）为明州治。大历六年（771）迁治今浙江宁波市。

[104] 榆筴村：宁波鄞州区云龙镇甲村，古称郏村，唐时称榆荚村。（《宁波市鄞州区地名志》）

[105] 东阳县东白山：东阳县，唐垂拱二年（686）析义乌县置，属婺州。治所即今浙江东阳市。东白山，在今浙江东阳市东北六十四里，与诸暨、嵊县交界处。又名太白峰，在东阳境内称"东白"。

[106] 台州：唐武德五年（622）改海州置，治所在临海县(今浙江临海市)。辖境相当今浙江台州、临海、温岭及天台、仙居、宁海、象山、三门等县。天宝元年（742）改临海郡，乾元元年（758）复改台州。

[107] 始丰县：原名"始平县"，三国吴分章安县置，属临海郡。治所即今浙江天台县。西晋太康元年（280）因与雍州始平县重名而改名始丰县。其后屡有废置。唐上元二年（675）改为唐兴县。

[108] 赤城：山名，在今浙江天台北，为天台山南门。因土色皆赤，状如云霞，望之似雉堞，因名。

黔中[109]
生思州[110]、播州[111]、费州[112]、夷州[113]。

江南[114]
生鄂州[115]、袁州[116]、吉州[117]。

---

[109] 黔中：黔中道：唐开元二十一年（733）分江南道西部置，为开元十五道之一。治所在黔州(今重庆市彭水苗族土家族自治县)。辖境相当今湖北清江中上游、湖南沅江上游，贵州桐梓、金沙、毕节、晴隆等市县以东，重庆黔江（区）、綦江、彭水与广西西林、凌云、东

兰、南丹等县。乾元元年（758）废。但作为地理区划一直延至五代。

[110] 思州：唐贞观四年（630）改务州置，治所在务川县 (今贵州沿河土家族自治县东北)。天宝元年（742）改为安夷郡，乾元元年（758）复改为思州。辖境相当今贵州务川仡佬族苗族自治县、印江土家族苗族自治县、沿河土家族自治县和四川酉阳土家族苗族自治县地。

[111] 播州：唐贞观十三年（639）置，治所在恭水县（后改罗蒙县，又改遵义县，即今贵州遵义市，一说在今绥阳县城附近）。辖境相当今贵州遵义市、遵义县及桐梓县地。唐末废。

[112] 费州：北周宣政元年（578）置，治所即今贵州思南县。唐贞观十一年（637）移涪川县于此，为费州治。天宝初改为涪川郡，乾元初复为费州。辖境相当今贵州思南、德江县地。

[113] 夷州：唐武德四年（621）置，治所在绥阳县(今贵州凤冈县西)。贞观元年（627）废。四年复置，移治都上县（今凤冈县东南）。十一年移治绥阳县（今凤冈县北绥阳镇）。辖境相当今贵州凤冈、绥阳、湄潭等县地。

[114] 江南：唐贞观元年（627）置，为全国十道之一。因在长江之南，故名。辖境相当今浙江、福建、江西、湖南等省及江苏、安徽长江以南，湖北、四川、重庆长江以南一部分和贵州东北部地区。开元二十一年（733）分为江南东道、江南西道和黔中道。肃宗乾元元年（758），析江南

东道置浙江东道、浙江西道两节度使方镇，此后"江南"一般指之前的江南西道。唐开元二十一年（733）分江南道为东、西二道。江南西道辖原江南道中部之地，治所在洪州(今江西南昌市)。管辖宣、饶、抚、虔、洪、吉、袁、郴、鄂、岳、潭、衡、永、道、邵、澧、朗、连等州。辖境约当今江西、湖南(沅陵以南的沅水流域除外)，安徽南部及湖北东部的江南地区及广东连州、阳山与连南壮族瑶族自治县地。乾元元年（758）废。

[115] 鄂州：隋开皇九年（589）改郢州置，治所在江夏县(今湖北武汉市武昌城区)。大业三年（607）改为江夏郡。唐武德四年（621）复为鄂州。辖境约当今湖北赤壁市以东，阳新县以西，武汉市长江以南，幕阜山以北地。天宝元年（742）改为江夏郡。乾元元年（758）复为鄂州。

[116] 袁州：隋开皇十一年（591）置，治所即今江西宜春市。唐武德四年（621）复为袁州，并以宜春县 (今宜春市) 为州治。天宝元年（742）改为宜春郡，乾元元年（758）复为袁州。辖境相当今江西萍乡市和新余市以西的袁水流域。

[117] 吉州：隋开皇中改庐陵郡置，治所在庐陵县(今江西吉水县北)。大业初复为庐陵郡。唐武德五年（622）改为吉州。永淳元年（682）与县治庐陵县同徙治今江西吉安市。天宝元年（742）改为庐陵郡，乾元元年（758）复为吉州。唐时辖境相当今江西新干、泰和间的赣江流域及安福、永新等县地。

岭南[118]

生福州[119]、建州[120]、韶州[121]、象州[122]。福州生闽县方山[123]之阴也。

其思、播、费、夷、鄂、袁、吉、福、建、韶、象十一州未详，往往得之，其味极佳。

---

[118]岭南：岭南道，唐贞观元年（627）置，为全国十道之一。辖境相当今福建、广东、广西、海南、云南南盘江以南及越南北部地区。开元二十一年（733）置岭南道采访处置使，治所在广州（今广东广州市）。为十五道之一。以在五岭之南而名。乾元元年（758）废，但作为地理区划一直沿用到五代。

[119]福州：唐开元十三年（725）改闽州置，治所在闽县（今福建福州市）。辖境相当今福建尤溪县北尤溪口以东的闽江流域和古田、屏南、福安、福鼎等市县以东地区。五代后辖境西南部缩小。天宝元年（742）改为长乐郡，乾元元年（758）复为福州。唐为福建节度使治。

[120]建州：唐武德四年（621）置，治所在建安县（今福建建瓯市）。天宝元年（742）改为建安郡，乾元元年（758）复名建州。辖境相当今福建南平以上的闽江流域（沙溪中上游除外）。

[121]韶州：隋开皇九年（589）改东衡州置，治所在曲江县（今广东韶关市南十里武水之西）。开皇十一年（591）

废。唐贞观元年（627）复改东衡州置，治所在曲江县(在今广东韶关市西一里武水之西)。天宝元年（742）改为始兴郡，乾元元年（758）复为韶州。辖境相当今广东乳源、曲江、翁源以北地区。

[122] 象州：隋开皇十一年（591）置，治所在桂林县(今广西象州县东南上古城村)。大业二年（606）废。唐武德四年（621）复置，治所在武德县(今象州县西北三十里)，贞观十三年（639）徙治武化县(在象州县东北)。天宝元年（742）改为象山郡，乾元元年（758）复为象州。辖境相当今广西象州、武宣等县地。大历十一年（776）移治阳寿县(今象州县)。

[123] 闽县方山：隋开皇十二年（592）改原丰县置，为泉州治。治所即今福建福州市。大业三年（607）为建安郡治。唐武德六年（623）仍为泉州治。景云二年（711）改为闽州治。开元十三年（725）改为福州治。天宝元年（742）改为长乐郡治，乾元元年（758）复为福州治。贞元五年（789）与侯官县同为福州治。五代闽龙启元年〔后唐长兴四年（933）〕改为长乐县，永和元年〔后唐清泰二年，（935）〕复为闽县。方山：位于今福州闽侯县祥谦镇闽江南岸之五虎山，方山露芽为唐代贡茶，《唐国史补》《新唐书·地理志》有载。

九之略[1]

[1] 略：指在某些情况下可以省略一些工序与器具。

其造具，若方春禁火之时[2]，于野寺山园，丛手而掇[3]，乃蒸，乃舂，乃拍，以火干之，则又棨、朴、焙、贯、棚、穿、育等七事皆废[4]。

其煮器，若松间石上可坐，则具列废[5]。用槁薪[6]、鼎铴之属，则风炉、灰承、炭檛、火筴、交床等废[7]。若瞰泉临涧，则水方、涤方、漉水囊废[8]。若五人已下，茶可末而精者，则罗合废[9]。若援藟跻岩[10]，引絙入洞[11]，于山口炙而末之，或纸包合贮，则碾、拂末等废[12]。既瓢、碗、筴、札、熟盂、鹾簋悉以一筥盛之，则都篮废[13]。

但城邑之中，王公之门，二十四器阙一，则茶废矣[14]。

---

[2] 禁火之时：指寒食节，期间禁烟火，食冷食。

[3] 丛手而掇：众手同采。

[4] 这段是讲若采摘地处深山，多有不便，则可以直接火干，棨、朴、焙、贯、棚、穿、育等七道工序就可以省略。

[5] 松间石上可以陈列，就不需要具列。

[6] 槁薪：枯干的柴。

[7] 用了鼎鬲之类的，可以用柴火直接加热，就可以不用风炉、

灰承、炭檛、火筴、交床这些了。鼎鬲是比较古雅的说法，这里所说的就是唐代普遍使用的茶铛。对于不是特别讲究的场合，茶铛的使用要广泛得多，在唐诗中亦大量出现。

[8] 若在泉涧边方便取到干净的水，也就不需要水方、涤方、漉水囊。

[9] 如果人数少，碾末可以做到很精致，也就不必用罗合再筛了。

[10] 援藟跻岩：拉着藤子攀登山岩。藟，音lěi，藤。跻：音jī，攀登。

[11] 引絙入洞：拽着绳子入洞，絙，通縆gěng，绳索。

[12] 这段讲如果要攀爬险路，就在山口处把茶烤好碾末，或者事先用盒子纸包装好，这样免得还要带着碾和拂末。

[13] 如果这些东西能用一个筥装下，就不用再带着都篮了。

[14] 如果在城邑之中，王公府第，有条件的情况下，二十四器缺一不可。陆羽主要是根据客观条件来对茶器进行取舍，在有条件的情况下，茶器应该完备，这样才能完整地呈现茶道。

十之图 [1]

[1] 依《四库总目提要》的解释，这里是指把前九章写下挂起
来，并非额外有图画。

以绢素[2]或四幅或六幅，分布写之，陈诸座隅[3]，则茶之源、之具、之造、之器、之煮、之饮、之事、之出、之略目击[4]而存，于是《茶经》之始终备焉。

---

[2]绢素：未曾染色的白绢。

[3]座隅：座位旁边。

[4]目击：目光可及。

附录

在陆羽时代，邢窑更加具有官方的色彩，而越窑更有民间的趣味。从意象上来说，邢瓷更多意味的是北方权贵，而越瓷代表了一种江湖之美。

茶史第一公案:

评选优秀

茶妈妈

这次我们谈水。水重要吗？最最重要的东西，往往最容易为人忽视。

当初某研究生宿舍，我早忘了是看哪个电视剧还是什么，反正四个哥们每天都看，中间有一个广告，用一种销魂语音宣扬一款能补充人体神秘H_2O活性因子的化妆品，作为国内顶尖生化专业的四位高材生（其中三位现在都在美国名校做研究），硬是没有发现破绽。直到有一天，一位老兄道破天机："这不是水吗？"于是我们过上了每天大量摄入H_2O活性因子，沐浴H_2O天然精华的幸福生活。

这个段子令人难以置信，但确是亲身经历。回想起来，阳光、空气、水，正因为太重要了，所以人们选择无视。为什么说水是茶之母？这一点不奇怪，因为你说你喝的是茶，按组成来说，无论泡多浓，里面绝大多数还是一种叫H_2O的东西。

《管子·水地》：

水者何也？万物之本原，诸生之宗室也！

这话现代科学家会比较认同，但我们不做科普，我们要讲一下茶史里面排名第一的大公案：品水！

为什么不是品茶？这个问题先放下。我们先从一位倒霉的状元讲起：

郁闷状元

张又新晚陆羽几十年，和陆羽大不一样，少年成名。怎么成名？初试头名、复试头名、放到全国总决赛，还是头名！因此张又新有个外号，叫"张三头"，放到哪里都是头名，无可挑剔的人生赢家，能不得意吗？（这个状元含金量可比现在高太多了。纵观整个中国历史上，能连中三元只有十几人，绝对是幸运儿。）

人生赢家也有烦恼，张又新有次实在憋不住了，跟大哥杨虞卿吐露心事。

"大哥。"（杨虞卿早他几年中进士，他们关系很近。）

"兄弟，你最近咋老是一副忧国忧民的样子呢？"

"大哥，兄弟我少年成名，仕途我是不担心，但我人生有一个最大的追求。"

"请讲。"

"就是找个绝顶漂亮的媳妇儿。你说这壮志老是未酬，可咋办呢？"

杨虞卿一拍大腿，"这事儿好办啊，你按我的套路来，保你一生幸福。"

"行嘞，听哥哥的。"

杨虞卿什么主意？他把自己女儿嫁给了张又新！

这没问题，问题是，姑娘是集才华与品德于一身啊。张又新新婚之夜一看，郁闷涨了十倍。不行，得和老杨说道说

唐　越窑梨形壶

唐晚期　越窑短嘴高柄壶

唐晚期　越窑秘色玉环底碗

唐 越窑捻茶叶碗

唐 越窑青釉碗、盏托

唐　越窑带盖葫芦形执壶

道。

　　"大哥，不是，泰山大人。"（这辈儿好像有点乱。）

　　"啊，啥事儿。"

　　"你不是说按你的套路来吗？怎么我成了你女婿了。"

　　"是啊，请问你幸福吗？"

　　张又新想把话筒给砸了！

　　"杨小姐是不错，但是我不是说想要那啥嘛。"

　　"对啊，你看你嫂子，不对，我夫人怎么样？"

　　"这……"

　　要说这位杨夫人也是名门之女，就是颜值不好评价。不管怎么说，杨小姐比杨夫人那还是升级了几个版本的。

"对啊，我们生活得很幸福啊。"

杨虞卿给张状元讲了一大套理论，丑妻是福，娶丑妻如何符合官场之道。张又新听得哑口无言。嘿，老杨说按他的套路来，感情是让我成为他的翻版啊。

这道理是道理，人心不按道理来呀，张又新自此开始抑郁。情场失意，咱仕途奋发吧，巴结权贵李逢吉，张又新被收入帐下，成为八关十六子的主力。要说人抑郁，思想就容易跑偏。这八关十六子是干啥的，那是李逢吉培养的团队，专门给裴度泼脏水的。

裴度何许人，唐代中兴名相，当时的中流砥柱，望重山斗。李逢吉何许人，别的不说，从行事风格来看，典型小人一枚。你说张又新是傻还是傻啊，真不是，他也想跟裴度他们玩儿，人家都是世家贵胄，费半天劲沾不上边儿啊。心里着急，赶紧选择跟李逢吉这种底层上来的站队罢。

张又新缺的不是智商，缺的是操守，是耐心，可能还是因为媳妇儿的事儿受刺激，把脑子搞坏了，太想出头，用力有点过猛了。

李逢吉对张又新还算比较照顾，不过政坛风云变化，上上下下常有的事儿，老李倒台了，张又新被一贬再贬，这都没问题，最后给贬到李绅手下了，这可就坏了菜了。

李绅是谁啊？"锄禾日当午"总听说过吧，就是他写的。李逢吉向来跟李绅不对付，李绅又和裴度他们属于一个大的系统，八关十六子可没少给人抹黑使坏。别人也使坏，可没张状元那么有才啊，李绅对张又新印象那是相当的深刻。

郁闷的张状元更加郁闷了，偏赶上这个时候坐船碰到大风，把两个儿子掀到水里给冲没影了。你说这抑郁症还好的了吗？张状元日夜担惊受怕，赶紧给李绅李大人写信。

信的内容很简单：通彻反思，深切忏悔：

"李哥，你看我早年糊涂，站错了队，对于您这样的国朝栋梁背后没少打小报告，不过苍天有眼啊，现在报应也报应了，我也从灵魂深处反思了，您大人不记小人过，看能不能给我个机会乜？"

李绅还能说啥？张状元已经混到这份上了，总不能把人家逼疯了吧。"算啦，你不用担惊受怕啦，没事儿来我家聚聚吧。"

要说李绅家的大聚会那可不一般呦。什么？写"四海无闲田，农夫犹饿死。"的李绅家里有大聚会？有没搞错？没搞错，李大人家的趴那是相当的有名。有诗为证：

"高髻云鬟新样妆，春风一曲杜韦娘。

司空见惯浑闲事，断尽苏州刺史肠。"

据说这是大才子刘禹锡参加李大人家聚会的见闻，这阵势，这美女，这盛宴，把刘才子给看傻了。李绅一看，一个姑娘嘛，至于吗你，这个妹妹送你了。（载《本事诗》，一说杜韦娘是曲子名。）

张状元在李大人盛宴上，感慨万千，每每大醉而归。要说李大人的聚会人脉真是太广了，还被他碰到了早年一位老相好，别问了，又被李大人给打包赠送了。

好了，这故事战线拉长了，但是我们需要通过这些故事来了解张又新的经历与心态，这样才好理解他的作品和作品的遭遇。

流量还是形象？

张又新也喜欢茶，也想成名，是太想成名了。问题是，前面出了个陆羽，《茶经》已经名满天下了。陆羽该写的都写了，再突破难度也太大了。

没关系啊，咱们张状元智商高啊。《茶经》陆羽写了，我可以来个《水经》，填补空白啊。

要说张又新不愧是李逢吉手下第一笔杆子，那真是做媒体的顶尖高手。怎么讲，深谙大众心理呀。

如果上来直接写我张又新有什么观点，这个文章火不了。为啥，你凭什么写个《水经》，这是个问题吗？陆羽已经说了"山水上，江水中，井水下"了，你这不是多余吗？再者，张又新名声不好，有的人一看你的观点，直接就自动忽略了。

那怎么办，他先引前朝大臣刘伯刍的观点，再引陆羽的观点，这两个观点对错先不说，这个话题的合法性就有了。

这样还不行，你写个《如何选用泡茶水》，这篇文章最多只有真正爱茶的人看看，流量上不去啊。

你要是搞个排名，整个斗茶，这就好办了，好事者都会关注，这流量就有了。排名一出，大家再一争论，打得热火朝天，那关注度还不噌噌地往上走啊。对了，再起个好名字《陆羽说错了！排名第一的水竟然是它……》（见下文），嘿，想不火都不行！

你说结果如何呢？

唉，张状元啊张状元，要说您这智商是杠杠的，不服不行。问题哥们缺的不是才华啊。

首先一点，《水经》这个最牛的题目被人占了，郦道元注的那个才是《水经》好不好。后人一看嫌麻烦，你也叫《水经》，这要混淆了咋办，干脆给改名叫《煎茶水记》了。

这个名字可就差远啦。为啥？

你不叫啥经，至少叫个啥论吧（比如《大观茶论》）。

再不济，至少也是啥谱、啥录吧（比如《茶谱》、《茶录》）。

你叫个《煎茶水记》，成了一个记叙文了，一下子下来三个档。你说这找谁说理去。

再一个，流量是上去了，茶圈热搜榜，论坛火爆贴，长时间霸屏的目的达到了，唐以后不管谁论茶，经常都得捎带上几句。称得上是第一热门话题。但是再看看评价，惨不忍睹。自打欧阳修回帖批评之后，基本上所有的跟帖都是赞欧阳修的，连四库全书都说欧阳修批得对、批得好。欧阳修说了啥？那真是条理清晰，总结起来三句话。

第一：张又新这个人不靠谱。（"妄狂险谲之士"）

第二：张又新说陆羽搞排名，这事儿很可能是他胡编的。（"颇疑非羽之说"）

第三：即使不是他编的，他的观点也是错的。

要说欧阳文忠公，那不愧是文坛领袖，还是史学大家，不仅逻辑严密，而且对张又新还颇有了解，三棒子下去，郁闷状元最后在茶圈千古流芳的梦想就成了泡影。我们查查史料，直到清末才有个别声音弱弱地挺了一下张又新，其他基本都是一边倒的赞成欧阳修的。

似乎这公案已成铁案了。

且慢，道德上张状元是有瑕疵，可是真相又是如何呢？

第一公案

欧阳修反驳张又新最重要的一个论点是，水没法排名，只能大致的区别好坏。陆羽已经讲了几个大的原则，这就行了，搞排名纯属是想当"网红"想疯了——哗众取宠。

这就回到我们一开始的那个问题了，为什么茶史第一大公案是品水而不是品茶呢？

我们知道要建立评价体系，需要有标准，需要有可比性。茶的可比性不大，你总不能说普洱茶比岩茶好，绿茶比白茶好吧。即使唐代没有那么多工艺，那你也不能说顾渚紫笋一定比蒙顶石花好啊，这扯不清楚，参与性不好，最多只能是个人偏好问题。

后来宋代的斗茶比的是点茶技艺，并不是茶的好坏；日本古时的斗茶就更简单了，比的是看谁能说对是哪种茶。要说日本这地方物资太匮乏，尤其那个年代，总共就那几种茶，能喝出来是啥，就已经很牛啦。

你说现代的斗茶大赛怎么那么火呢，我不知道。但我知道一个现象，同样原料比工艺，这种斗茶没问题。要是直接比原料的，很少有客观性，易武拿出几个寨子来斗茶，还别说不同的人，就是同一个人，你要是真盲品两次，排序能一致，那就不得了。关于盲品圈内有很多段子，这就不说了，总的说，数据很离散，结果不太能说明问题。

茶不是不能建立标准，而是这个标准的建立，技术含量比较高，这也是我们研究的方向；对于古人来说，就不能苛求了。

但是水不一样，水的可比性要大得多，里面主要都是一种叫H_2O的活性精华，这个建立标准相对容易，参与性就好了。再一个排名这种事儿，就算你觉得无聊，老百姓喜闻乐见啊，而一旦大家都关注，就容易把一个问题深化，这不是坏事儿。

好水的标准究竟是什么呢？这又要从两方面看，单纯喝水是一种标准，煮茶又是一种标准，这个陆羽语焉不详，张状元说的是很清楚的，一定要把茶发挥到最好，才算是最好的水。现在也是一样，依云水甚至更贵的矿泉，单喝可以，但是泡茶并不好。

第二点，陆羽的确说过，山水上，江水中，井水下，但这是大原则，并不是教条。欧阳修据此认为张又新传陆羽的排名中，有江水、井水在山水之上，所以不是真的，这未免有点武断了。

第三个，张又新传的陆羽的排名，来源看起来有点神秘，所以令人生疑。

据他说，当时他在一座寺院偶遇一楚地的僧人，这位僧人有一本书的卷后密密麻麻地写了一个故事，这就是前面我们说的，陆羽在李季卿的船上辨水之事，在故事之后，李季卿请教陆羽天下水的好坏，陆羽于是侃侃而谈，李季卿赶紧拿个笔记本就给记下来了。

这个来源本身已经很像是杜撰了。问题是，张又新还说，当时陆羽辨水是拿个小勺，一罐水喝到一半的时候，说之前的不是南零，后面的才是。这哪是水啊，那是鸡尾酒啊。这能是真的吗？

这恰恰是这个故事的突破口，我们知道，以张状元的智商，如果要编故事，应该不会有这么大的破绽，这反倒说明，这个故事不是他编的，很可能确实是他看到书上写的。

而且古文有多义性，原文中"既而倾诸盆，至半，"既可以理解为一盆水倒了一半，也可以理解成很多罐水，倒了其中的一半（比如十罐倒了五罐）。我们在前面的文章，采取的是后面的解释。

还有一点，这个排名里涉及的地区和陆羽活动的区域还是大体重合的，而且以陆羽这种江湖高手的风范，李要是问水，陆应该不会泛泛而答，露一小手的可能性也是很大的。当然历史没法复原，谁也不能说张又新说的就是真的，但是至少我们知道，这件事儿有的谈，没有欧阳修说得那么不靠谱。

要说张又新还真是下功夫，每个地方都实地去考察品鉴了一番，他认为陆羽的排名还不如刘伯刍的接近事实。虽然他没有列出自己的排名，但他有自己的观点，他完全从助发茶性的角度来考察水，应该说是很正确的。他以个人实地操作认为桐庐江严子濑的溪水最好，连陈黑坏茶都能发出香味。但是这些观点都被后人忽略了。

这也没办法，张状元辛辛苦苦实地考察，处心积虑编辑文案，但是欧阳修三句话就给踢一边去了。这赖谁啊，谁让你留下了"妄狂险谲之士"的恶名呢？你要是人生最高追求不是漂亮媳妇儿，而是立德立言，那情况可能就反过来啦。

别有洞天

为啥说欧阳修的批评看似严谨，但未必符合实际情况呢？陆羽说的"山水上，江水中，井水下"在实际操作中未必是那

唐五代　邢窑白釉瑞兽纹执壶

唐五代　邢窑茶碗

唐五代　邢窑白瓷茶瓶

么严格的。欧阳修特别不理解的是：陆羽自己说的"其瀑涌湍濑勿食之"，还把庐山康王谷水帘水列第一，这不是打脸吗？

这还真不好说，宋代一帮发烧友去康王谷实地考察，还真就觉得水确实好。王禹偁就认为，康王谷的水确实比那些泉水井水要好得多。什么王安石、秦少游、朱熹，全都给康王谷点赞。陆游更是力挺康王谷（不知是不是因为排名是老陆家搞的），认为和康王谷的水比，即便是第二名惠山泉那也差得远，第一当之无愧。

我们没法说康王谷水是不是就比惠山泉好，但是这说明陆羽的大原则不是一个严格的原则。

陆羽说"江水中"，但是扬子江心水，那也是一绝啊。除了南零水，古人用江水泡茶的也不少。我们说最早的以茶为主题的文章，杜育的《荈赋》里面即有"水则岷方之注，挹彼清流"。那是用岷江的水来煮茶。

再看这位唐代的大文豪：

"蜀茶寄到但惊新，渭水煎来始觉珍。

满瓯似乳堪持玩，况是春深酒渴人。"

（《萧员外寄新蜀茶》）

白香山的诗是好诗，但是您琢磨过没有，渭水煎茶？喝不出沙子味吗？

你说井水下，温庭筠就有"涧花入井水味儿香"（《西陵道士茶歌》）。这是因为这井连着钟乳石洞那。

可以见什么都不是绝对的，还是要实地的考察。

这个排名里还有雪水，但是列在最后。不过喜欢雪水的人可真不少。

还是白居易就有"融雪煎香茗"（《晚起》）。这是喝早茶。

晚唐大茶人陆龟蒙有"闲来松间坐，看煮松上雪"（《煮茶》）。煮雪不仅仅是因为雪水干净，更透着一种雅致在里面。

排名里说雪不可太冷，但有没有煮冰的，也有啊。看这位：

"读易分高烛，煎茶取折冰。"

（曹松《山中寒夜呈进士许棠》）

还找什么名泉，咔吧一下给你掰块冰下来。

有没有更狠的。我们看这位：

"青云名士时相访，茶煮西峰瀑布冰。"

（《题兰江言上人院二首 其二》）

这是禅月大师贯休的诗，这个一般人模仿不了，不是格调太高，而是危险系数太高。

说到这儿，不由得有点小伤感，古人可以煮雪折冰，挹江汲井，你说我模仿一下行不行，您自己掂量着看吧，我就不提供意见了。现在地下水都打到千米之下了，真不知是有福气还是没福气。

去年冬天，北美的一位朋友微信给我发了几张她去森林公园煮雪泡茶的图片，当时正在帝都的我望着窗外漫天雾霾，唏嘘不已，这已经是多么奢侈的享受了，国内这样的地方不是没有，而是越来越难得啦。

千里水递

前面讲了品水的公案，实际上宋代以后这方面的内容更多，不过这本书限定在唐代，咱们就点到为止。讲到唐代茶史，不讲别人可以，如果不讲讲千里水递的李丞相，那可就太不完整了。

哪位李丞相？这位李丞相，按照梁任公的评价，是整个中国历史上排名前六的政治家，李德裕。我们知道唐代有个牛李党争，这位在大半篇里唱主角。啥叫牛李党争呢？贵族官二代与民间考试上来的愤青出身上带着一条鸿沟，对事情的看法就不一样，这没关系。但经过一些事儿结下梁子，一旦心里这个鸿沟建立了，人以类聚，形成了所谓的党，后面就麻烦了。因为很多人的目的不是为了把事儿办好，而是把你搞臭，这个国家就被折腾惨啦。你说这两党竞争不是挺好吗？嘿，那还得有一大堆别的事儿托着呢，哪有那么简单。

李丞相出身那是相当显赫，出身世家大族，老爹就是名相，自身条件又好，能力又强，这种人要是玩茶，结果会怎么样？那可想而知，玩得高，玩得精，玩得起。李大人爱茶懂水，还有不少段子，不亚于陆羽和李季卿辨水的那次。那咱们李大人水用哪里的呢？

按照张又新引陆羽的排名，第一是庐山康王谷；按照引刘伯刍排名，第一是扬子江南零水。这个第一有争议，但第二名没争议，都是无锡惠山寺的泉水，虽然叫天下第二泉，但是综合排名第一啊。这水好到什么程度呢？我们看一首诗：

若水《题惠山泉》：

石脉绽寒光，松根喷晓凉。

注瓶云母滑，漱齿茯苓香。

野客偷煎茗，山僧借净床。

安禅何所问，孤月在中央。

大半夜还有人偷着在泉边煮茶呢。你说为啥非得在水边煮茶呢？古代水的运输和保存是个大问题，现在你直接瓶装上市了，古代不行，你长安的贵族富商再讲究，水没法运过去，就算运过去也坏了。

别人办不到的事儿，咱们李丞相办得到啊，大唐的超级生鲜快递系统是干嘛吃的？还不加急包邮给我送过来！

大唐真有生鲜快递系统？有啊，一般不常用，上一次用的是杨玉环。这位女神好的是岭南的荔枝，一看到一骑红尘她乐了，咱大唐快递不愧是国际顶级的快递啊，荔枝都这么新鲜。

问题是这位杨女神结局不是太好，李丞相重启这套系统，肯定有人反对。后来陆羽的老乡皮日休就讽刺他：

"丞相长思煮茗时，郡侯催发只忧迟。

吴关去国三千里，莫笑杨妃爱荔枝。"

老皮一生写诗都是屌丝立场，哪里明白咱们李大人的追求呢。即便在当时，反对的声音也很大。李德裕说了，我不贪财，不玩女人，就这么点高雅追求，怎么了？那也是提升我们大唐文化形象啊。别人拿他没办法，但是有一个例外。啥叫例外，就是世外的高人。

这位世外高人对他说："你千里运水这件事儿，雅是雅了，但是玩得不够高级，一点都不环保。"

李德裕奇怪："那你有什么方案？"

高人告诉他："咱们大唐有一个南水北调的地下水脉系统，你都不知道？长安昊天观后面那眼井是和惠山泉通着的，你不信打点水试试。"

李德裕当即明白，遇到大忽悠了。不过李丞相毕竟是李丞相，什么叫大玩家？大玩家就是你觉得不靠谱的事儿，就别折腾了。不，宁信其有，咱一定得试试。这一试可不得了，快递小哥们可以击掌相庆了，李丞相自此不再递水啦。

这事儿还没完呢，多年之后，号称天下第一诗人（数量上）和第一大玩家的乾隆爷也要选水，这车驾清吏司的郎中们整夜失眠啊。这要是选上了惠山泉虎跑泉，那还得了，就是选上济南的名泉也够受的啊。乾隆爷拿出小银斗，清了清嗓子，宣布结果，第一名，咱们北京玉泉山的水。好啊，太好了，主上圣明啊，皆大欢喜，这下可省事儿了。

等等，日常用水的大问题解决了，还有个小问题，咱们乾隆爷爱旅游啊，这要出行可咋办？天长日久再好的玉泉水也不行啊。没关系，乾隆爷还是发明家，他发明了一套以水洗水的方法，用当地的水洗一洗带着玉泉水，留上面的，底下的不要就行啦。

我估计，深谙君臣之道的大玩家在宣布结果的时候，嘴边一定露出了狡黠的微笑，您说呢？

陆羽"邢不如
越"的背后

今天接着来谈一下唐代的茶器。

说到器物，我们一般从四个层面来说。

第一个是实用与技术的层面；

第二个是文化艺术与美学的层面；

第三个是思想观念的层面，按照现在西方的学科分类也可以说是哲学，但其内涵和哲学还不完全是一回事儿；

第四个是修道的层面，这个可能对大家来说比较陌生，我们只开一个头。

前面借用了"鼎"这个器物大概涉及了一下这几个层面，下面我们再来看其他的器物。陆羽谈论最多，也是大家最为关注的器物是茶碗，因为和茶关系最为密切，我们今天每个爱茶人会有一个自己得意的品茗杯，也是这个道理。

茶碗还有一些相关的称呼，比如说"盏"，比如说"瓯"，这些从字义上来说可以认为是小一些的碗。这些都有用作茶器的出土的唐代实物，实际上未必比茶碗小，造型上也很难截然区分，我们还是一起来说。

陆羽对茶碗的窑口进行了点评，提出了一个"邢不如越"的观点，这也是茶史的一个公案，对后世影响很大。有人赞同，也有人为邢窑鸣不平。我们不要被陆羽的观点局限，来简单的比一个高下，那可能永远说不清楚，而是要看到这个背后有怎样的道理，这就耐人寻味了。

我们首先来看陆羽的理由。陆羽提出了三点：

第一：邢瓷像银，越瓷像玉。

这个是比喻，其实就是一种心理的暗示，银虽然华丽，但是并不是那么有内涵；玉就不同了，代表君子之德，是中国文化一种根源性的东西，当然更有魅力。有的人被陆羽说服了，但细想一下，没有任何道理。因为你也可以说邢瓷类玉啊，如果陆羽笔锋一转，邢瓷类玉之极品，有羊脂之色，那道理完全反过来了。而且邢瓷和银也不像，完全是硬拉在一起的，所以这种道理是文人的游戏，背后另有一番款曲。

第二：邢瓷像雪，越瓷像冰。

这个又是一个心理暗示，难怪有人为邢窑鸣不平，你这一联想，立刻就产生差异了。雪也是代表洁白，但是和冰不能比，因为雪容易被染污，所谓冰清玉洁，全被陆羽给了越窑了。这有道理吗？不是很说得通，为什么邢瓷不能像冰呢？就极品来说，这两种瓷都有很好的光泽，而就普通的器物来说，越瓷也谈不到像冰。但是陆羽这么一说，你心中就建立高下了。

第三：邢瓷白，茶汤泛红色；越瓷青，茶汤泛绿色。

这是从茶汤的审美上来说的，陆羽认为越瓷宜茶色。要讨论这个我们先要澄清一个问题，唐时的饼茶煮过之后是什么颜色。

《茶经·四之器》里有一句话，叫"茶作白红之色"，这句话很多人解释成茶在茶碗里的颜色，其实这里说的是茶汤本色，唐代经过烘焙、封存、复烘以及烤炙等等工序，茶已经发生了氧化，汤色产生了从淡黄色到红色的变化。后文当中，陆羽提到"其色缃"，这指的是较新的茶。我们理解了这一点，才能明白陆羽在《四之器》品评窑口时说的那一大段话，某瓷本色如何，加了茶以后呈现什么颜色，否则这一段就完全解释不通了。

话说回来，青就一定宜茶吗？这还是一个审美习惯的问题。我们现代观茶色，可能更习惯于白瓷，这样看得更清楚。宋代使用建盏则是要用黑色来衬托白色的茶沫，便于观察咬盏。这是从功能的角度看，从审美的角度看就说不清了。

这几个理由并不是那么令人信服。但是我们的目的不是质疑陆羽的评价，而是要问，陆羽为什么要这么评价？

我也提出三个背后的理由，来启发一下思路。

从瓷的历史来讲，青瓷与白瓷是我们这个瓷之国度里瓷器最为重要的两个贯穿的脉络，其他任何颜色都不能与之相比。相对而言，青瓷烧造的更早，而白瓷较晚。真正开始烧出比较白的白瓷，就是在隋唐时期，这也是凝聚了前人对"白"的一种不懈的追求，一旦烧出来，就引发了市场的追捧。

但是中国的文人有一种情怀，说是厚古薄今也好，或者说是对流行的新事物保持一种批判精神也好，总是对旧时光有一种幽然的怀念，我们称之为怀古。陆羽用一句"殊为不然"，表达了对流行文化一种审慎的态度。我们今天来看，邢窑越窑那都是高古瓷，陆羽的心态不是很好理解，似乎有点迂腐；但是这种对流行的不妥协，对文化传统的矜持，其实是很宝贵的。

再一个视角：陆羽是湖北人，一生活动的范围都是南方，以太湖流域为多。在唐代南方北方不仅仅是地域概念，也是文化上的两个范畴，这种差异在已经全球化的今天也仍然存在，更不要说信息交通不便的古代了。

我们看陆羽列举的窑口都是南方窑。有人说，鼎州窑是北方，还有人找到了窑址。我的分析应该不是，唐代鼎州有南鼎州和北鼎州。北鼎州陆羽应该没有到过，而且存在时间也不大相合。陆羽谈的都是自己接触比较多的窑口，这个一方面是比较客观的态度，同时也有一种地域文化的自豪感在里面。

在唐代，南北文化是有一定位势的差异的，像长安和洛阳这样国际化的大都市都在北方，不仅权力的中心在北方，文化的中心也是一样，因为除了流放被贬，最为重要的诗人也大多在北方活动。南方虽然也有大城市，但整体上来说，不那么发达，也处于文化上的弱势。但是南方也有独特的优势，我们从这个角度来看，《茶经》第一句话："茶者，南方之嘉木也。"就意味深长。

茶不简单是一种植物饮料，而是有地域精神的东西。这一点在南北朝时就很明显了，我们看《茶经》里举的"酪奴"的典故，很能说明这一点。茶是南人的一种日常饮料，北人

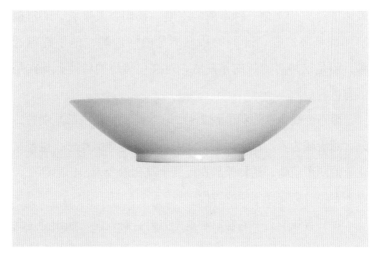

唐五代 邢窑 "大盈" 款茶瓯

唐 越窑盏

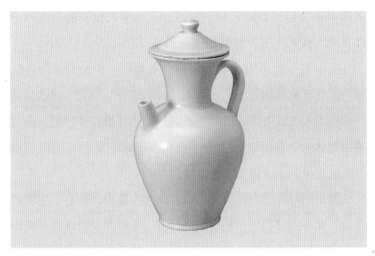

唐 邢窑执壶

唐晚期 越窑执壶

当然中唐以后也开始大量的饮茶，但和南人饮茶的心态不一样，南人饮茶是有乡愁的。

王维有一首诗叫《赠吴官》，里面有："长安客舍热如煮，无个茗糜难御暑。""秦人汤饼那堪许"之句。讲的就是一个南方人在北方做官的经历，吃的东西是最有乡愁的，没有茶粥怎么办，陕西的面食吃不惯啊。王维这里面有调侃的语气，这也说明了这种文化的位势差异。

那我们对陆羽点评南方窑口忽略北方窑口，就有了更深的体会。北方的窑口他只说了一个邢窑，还是为了衬托越窑来谈的，北方最重要的窑口已经比下去了，其他的也不用再说了。

陆羽骨子里有一种很"傲娇"又很自卑的东西混杂着。这和他早年的经历有关，包括后来游历也是一样，对于一个很有抱负，但起点很低的青年来说，"睹人青眼少"是很常见的。除了在古今、南北的区分上他有一种很骄傲的坚持，其实还有一个更大的分野在发生作用，那就是庙堂与江湖。

如果我们了解中国的古瓷，首先接触到的两个概念就是所谓的官窑、民窑。这个在清代已经发展到极致了，因为中国人对权力的崇拜，"官"这个字是有魔力的。从好的方面说，"官"有实力组织起最好的资源，来达到一个时代最高的水平，这没有问题。但是艺术更加需要的是百家争鸣，过于依赖官家的判断并非幸事。

我们说日本茶道，从珠光开始就有一种和华丽相制衡的东西，后来到千利休时代完全的呈现出来，对诧寂的推崇成为日本茶道的主流，直到近代以来的民艺观念，都体现了区别于官方的审美情趣。中国的明清则相反，官的力量太强，民间不是没有好东西，但是难于成立一种独立的审美判断，没有形成与官相抗衡的力量。

在唐代，官的力量没有那么细致入微，但是仍然具有很大的权威性和影响力。陆羽面对这种强势，保持了一种独立的审美品格。

在物质较为匮乏的时代，人们对金银是十分推崇的，实际上很多唐代瓷器的造型与纹样都是模仿金银器的，茶器也不例外，比如晚唐常见的盏托造型，基本上都能找到金银器的原型。我们看陆羽对茶器的品评，对于侈丽的东西虽然没有特别的反对，但还是委婉的排斥了。包括选用器物的标准，都没有去推崇更高的规格，而是去欣赏本来的质朴之美，关注其功能与内涵，这是很宝贵的。

在陆羽时代，邢窑更加具有官方的色彩，而越窑更有民间的趣味。我们从现今存世的很多"盈"字款"大盈"款的邢瓷可见一斑，作为入"百宝大盈库"的器物，精品的邢瓷某种程度上有官窑的意味，当然后来邢瓷已经"天下无贵贱通用之"了，但他的底子有这样的背景。当然越窑后来也受到皇家重视（这和陆羽的大力推崇不无关系），所以我们在法门寺晚唐皇家用的瓷器中大量发现了越窑的秘色瓷。总体上来说，在陆羽时代，这个分野是存在的，从意象上来说，邢瓷更多意味的是北方权贵，而越瓷代表了一种江湖之美。

如果你是陆羽，你会怎样选择呢？

我们从这三个角度来重新审视陆羽"邢不如越"的观点，看到的就不仅是器物，更是人心。

诗人、女明星
和一片树叶
的故事

今天我们来谈唐代的茶叶产区与茶叶贸易。

元和十一年秋，一位诗人在浔阳溢浦口送别友人，忽然听到一阵乐曲声，这音乐令诗人一惊，因为深通音律的诗人知道，只有长安顶级的琵琶乐手才有此等功力，在浔阳这个地方能如何能听到这种音乐呢？

诗人循声找去，发现了一位女子，一问果然曾经是长安红极一时的歌女，是穆、曹二位琵琶大师的高足，后来经历种种变故，嫁给了一位商人。商人上个月去浮梁买茶，留下女子在此地，女子感慨自己随着商人辗转江湖，过去的风光不再。诗人联想自己被贬出京，困顿于此地，于是请歌女重新演奏一曲，所谓"同是天涯沦落人，相逢何必曾相识。"

这个大家都知道了，是《琵琶行》的故事。白香山是伟大的诗人，《琵琶行》是伟大的作品，这毋庸置疑。我们不谈文学，而是要问三个关于女明星丈夫的问题：

他是哪里的茶商？

他要去买的是哪里的茶？

他为什么要把老婆留在浔阳？

茶商从何而来

先说第一个问题，有人说，这还用问吗？浔阳（也就是现在的九江）的茶商呗。

答案是，这个茶商肯定不是浔阳的茶商。

我们先来看一下这幅图，这是茶商从浔阳去浮梁买茶的路线图。浮梁是当时重要的产地，也是最大的茶叶集散地。这个流通量有多大呢？不同的算法不一样，基本上要占到全国的四分之一到三分之一。这么大量的茶怎么运到各地呢？

唐代大宗货物最主要的交通是水路，很多城市的繁荣都和运河有关。浮梁的茶要运出去首先要并入水路的干道，然后再运往北方各地。具体地说，浮梁的茶就要沿着昌江进入鄱阳湖，然后在浔阳进入长江主干道。之后再通过江北的水系和运河系统进入北方广大的市场。

为什么说肯定不是浔阳的茶商呢？最简单的道理，如果是浔阳的茶商，我们的女明星就没必要待在船上，而应该是住在自己家的宅院里。唐代虽然比较开放，但是大半夜女眷自己跑到江上弹琴大概不会，而且女主说了是转涉于江湖，当然是水路的长途跋涉了。浔阳是浮梁茶市货物进入全国水路主干道的必经之路，只要是江北的茶商，必然都要经过浔阳。

那么这个茶商是哪里的茶商呢？

女星嫁入豪门似乎是一个惯常的归宿，道理很简单，年轻的时候生活水准上去了，下来是会难受的，要保持这种生活水准，就需要经济的支撑。按照诗人的说法，这位歌女曾经是五陵当红的明星，五陵是长安的富人区，当时五陵的这些富豪子弟们都为她痴迷，粉丝太多，一晚上红包根本数不过来。所谓"妆成每被秋娘妒"，秋娘是当时长安的头牌，这位女星的影响可见一斑。这样经历的女星，怎样选择自己的归宿呢？当然如果选择当官的当然好，不过这个可能性太小，不会有官员冒这个风险。那就只能选商人，但肯定不会是个小商人，这个份儿是跌不起的。

所以这个商人更可能是一个大商人，如果是现在，我们估计是房地产商，如果在当时，这个商人就是茶商。因为茶利之丰厚，是其他产业难以相比的。为什么呢？当时的经济来说，重要的商业是与生活必需品相关的，这里面最为重要的是盐和茶。盐历朝历代都特别重视，而茶是从唐代开始成为热门领域的。

中唐以后开始设茶税，在茶税较高的时候，几乎和盐税差不多，说明茶的影响力之巨大。实际上茶的影响力还要更大，因为官方对盐的管理要远比茶规范严格，贩盐是需要盐籍的；茶叶市场则是一个混乱野蛮生长的状态，大量的私茶是收不上税的，所以茶实际上是当时最能产生富豪的一个领域。

为什么茶这么重要呢？我们来看《膳夫经手录》的记载："今关西、山东、闾阎村落皆吃之，累日不食犹得，不得一日无茶"。不仅在南方，而且在北方；不仅在大城市，而且在农村，人们都不得一日无茶，茶实实在在成了生活的必需品。

《封氏闻见记》里也说，过去人也喝茶，但没像现在这样，"穷日尽夜"，没完没了，连边疆地区都深受影响。

这也涉及茶史的一个话题，中国人均消费茶量最大的时期是什么时期？

可以肯定地说不是现在，现在中国人平均每年每人大概喝一斤多一点的茶，也就是土耳其人均消耗量的六分之一，排不上名次。我们从历史数据来看，这个巅峰很可能是中晚唐时期，比如德宗朝。不同人有不同的算法，但顶峰时期每人每年几斤茶是肯定要有的，我们从前面文献的说法也能得到佐证。而且刚才说了，茶叶市场比较混乱，按茶税来算其实漏掉很多，实际数量更大。

茶叶贸易的繁荣我们也可以从其他角度看得出来，当时为了规避长途携带大量钱财的风险，出现了一种能充当货币支付手段的飞钱，换句话说，你在甲地存钱，取得凭证，乙地是可以兑换的。这个在九世纪来说，可以说是超乎想象的。

另外从从业人数来看，当时江淮地区百分之二三十都是从事种茶的，而像浮梁一带基本上百分之七八十都是种茶的。甚至在浮梁这种茶区，日常的粮食都要从别的地方买过来。在现代商品经济时代，这很正常，但是在古代，这就很不寻常了。

我们了解了当时茶叶市场的兴旺，我们再回来看，这位娶了女星的富商是哪里人。当然很可能是长安的，因为女星就是长安人，嫁给本地富商，这个顺理成章。如果不是长安人，我们首先考虑的是洛阳、汴州、广陵这些沿水路的大城市。

茶从浮梁经鄱阳湖进入长江，基本上都要进入长江下游的广陵（扬州）再向北进入运河系统。唐代有一个说法叫"扬一益二"，就是除了两京以外，最为富庶的大都市就是扬州和成都，扬州的崛起最直接的原因就是它是长江水系北上的交通枢纽。当时在广陵富商非常之多，其中很多都是因茶致富。

从扬州北上经邗沟进入淮河水系，通过泗口（淮安），再进入汴水，经过宋州（商丘）、汴州（开封），就到达洛阳了，也就是进入大唐繁华的腹地——两京地区。

王建《寄汴州令狐相公》："水门向晚茶商闹，桥市通宵酒客行。"这是汴州的情况，我们可以看出这条繁华水道上有很多茶商奔波其间，是非常热闹的。

了解了茶叶北上的路径，我们不再深究茶商的来处，来看下一个问题。

茶商贩何茶？

浮梁的茶无论是陆羽的评价，还是裴汶《茶述》的记载，都不算好茶，说得客气一点，是大众化的茶。唐代人认为最好的茶产地是哪里呢？

陆羽《茶经》讲："茶者，南方之嘉木也。"茶的主要产区就是淮南、江南、山南、剑南。这些地方都产茶，但是给人的印象是不大一样的。

我们从文献来看，出名茶最多的是四川。四川这个地方自古给人的印象就是物产丰富，社会安定，而且多少还带点仙气儿。所以对于社会顶层来说，喝蜀茶是很有范儿的事儿。所谓"扬子江心水，蒙山顶上茶"。不说别人，我们的诗人白香山就对蜀茶情有独钟。

前面提到《萧员外寄新蜀茶》："蜀茶寄到但惊新。"蜀茶要寄到两京地区，一个是陆路，近，但不太好走。另一个还是沿长江下行到广陵，再走前面说的水路北上，这就绕很远了。如果是大宗货物，大概只能走水路，如果是少量的，可以走陆路，无论怎样都不容易。白居易看到寄到的蜀茶这么新，很是惊讶。

《谢李六郎中寄新蜀茶》："……红纸一封书后信，绿芽十片火前春。……不寄他人先寄我，应缘我是别茶人。"白居易说，为啥不给别人寄，单单给我寄呢？因为我懂茶啊。这也说明蜀茶是真正用来品鉴的茶。

再一个名茶的产区是长江下游太湖地区，像顾渚、阳羡这些名茶，都是贡茶中的重要品种，这方面的诗文也很多，就不列举了。这个和陆羽的推广有一定的关系，陆羽主要的考察和活动范围在这个区域。当然长江中游湖南、湖北、包括安徽、河南这一带也有名茶，但是知名度和影响力比起前面两个茶区，还是要弱一些。

关于名茶，大家可以看《唐国史补》《膳夫经手录》《新唐书·地理志》等资料，如果都列出来要超过百种，这里不详细列出了。其实还有一个茶区，唐代史料很少记载，就是云南茶区。这个我们只能从樊绰的《蛮书》里面看到些许信息。

所谓"茶出银生城界诸山。散收，无采造法。蒙舍蛮以姜、椒、桂和烹而饮之。"银生城一般是指景东地区，在这里也有可能指的是西双版纳地区。散受，无采造法，这是相对唐代的茶叶加工而言，实际上当地土著民族有自己的加工饮用方式。我们现在知道云南是世界茶的原生地，也是保存古茶树最多的地区，当然是不可忽视的产区。但云南在当时不属于大唐，而是属于南诏，所以唐代的文献几乎没有记载。

我们再回来说浮梁茶，浮梁就是现在江西的景德镇地区，当时属江南西道。浮梁的茶，品质不佳，不要说和那些名茶比，即使和相邻歙州的茶都不能比。但是浮梁茶有一个重要的优势，产量巨大。大到什么程度呢，就内地的茶叶市场来说，浮梁茶是蜀茶的百倍以上。

而且浮梁不只买卖本地的茶，也包括周围地区的茶，比如北面祁门和婺源的茶。《祁门县新修阊门溪记》记载祁门茶的大宗，还是要通过阊门溪到浮梁然后再通过鄱阳湖进入长江。阊门溪虽然凶险，但北面的山路运大宗货物太不方便了，也别无选择。

浮梁成为一个大的茶叶市场就可以理解了，一方面是种茶人多，一方面也是地势使然。对于大商人来说，玩的不是白居易的小众定制私房茶，而是需要一定的产量，所以这位茶商必须要到浮梁去采购。《唐国史补》在列举了大量名茶之后，说了一句："而浮梁之商货不在焉。"这说得很明白了，浮梁是大量批发的商货，和名茶走的不是一个路子，这是市场的分化。我们现在讲茶叶市场的细分，也是一个道理。

有意思的是，我们的诗人写的时间："枫叶荻花秋瑟瑟"，这是深秋时节；"前月浮梁买茶去"，前个月也肯定不是春茶季节。那么就存在两种可能：一，茶商买的是秋茶；二，浮梁的茶叶市场不只春天才有，其他季节也可以购买。

唐人喝秋茶吗？诗文中提及的比较少，但不是没有。许浑《送段觉归东阳兼寄窦使君》："秋茶垂露细，寒菊带霜甘。"张籍《和左司元郎中秋居十首 其六》："秋茶莫夜饮，新自作松浆。"不过这些究竟是秋天采的茶，还是秋天在喝茶，说不太清楚。

第二种也有可能，作为最大的集散地，浮梁的茶市可能是长年开放的。我们说浮梁是一个大的集散地，实际上也是由很多的草市组成的。什么叫草市呢，就是茶农茶商自发形成的小型的集市。通过这些草市，大量的茶由行商收购，再转运到大城市，经过牙人的中介交易，转到坐贾，也就是零售商家，售卖给消费者，形成了一个完整的茶叶市场。当然也有茶商直接进入地方的草市交易，减少了中间环节，但是有一定风险。

除了大唐的子民，不拘时地都能享受茶的芬芳，唐周边的地区也深受影响。日本就不说了，我们现在能在新疆喝到奶茶，在西藏喝到酥油茶，都可回溯到唐时期茶文化的影响，不仅是茶，就连酥油的制法都是由唐传到吐蕃的。那个时候的大唐，是真正的文化输出。

回鹘，吐蕃都是对茶需求量很大的地区。《唐国史补》记载一位官员出使吐蕃，在帐篷里烹茶。吐蕃赞普问他，你在干啥？他说，我在煮茶。赞普说我这里也有茶，于是给他看自己的藏品。"此寿州者，此舒州者，此顾渚者，此蕲门者，此昌明者，此潍湖者。"从蜀地的昌明兽目一直到长江下游的顾渚紫笋，各地名茶都有，这可把唐使惊到了，想不到赞普也是茶道中人啊。

回鹘和吐蕃需要茶，对于大唐来说非常重要，通过茶马互市，唐可以补充马匹，同时又可以影响对方的经济。南诏是个例外，因为南诏本来就是这个星球上茶的原产地，不需要大唐的茶。南诏看起来似乎不那么强大，但是却是让大唐伤透脑筋的心病。宋代史家讲，唐朝的灭亡，虽然看起来是黄巢给搅和的，实际上祸根在于桂林，桂林就是要防南诏，南诏在当时不仅在云南，而且在中南半岛的控制力都是非常强大的，实际上安史之乱能成事也和南诏对唐帝国各方面的消耗有很大关系，我们不扯那么远了。南诏产茶，最麻烦的是不仅它自身不受制于大唐，而且吐蕃在茶方面也不用看唐的脸色，南诏也能供应吐蕃的需求。西藏地区边茶输入的路径在唐代也和现在差不多，一个是川茶，一个是滇茶。有了南诏的茶，大唐对吐蕃的怀柔就不那么有效了。

好，我们再来看第三个问题，茶商为什么要把女明星留在浔阳，真的是"商人重利轻别离"吗？

商人的心思

要回答这个问题，我们需要了解当时水路的治安状况。在《全唐文》中有一篇杜牧的文章：《上李太尉论江贼书》。这里面谈到当时"江贼"是非常猖獗的。为什么猖獗呢？因为不是零星的游盗，而是大范围的，有后台的，有组织的犯罪。所谓有组织犯罪，其实往往联系着一个大的市场，不仅是犯罪现象，也是经济现象，当时这个大的市场就是茶。

茶的市场太大，比盐更难管理，这里面就给了不法之徒很大的空间。甚至很多江贼杀人越货之后，直接到浮梁的茶市上去把财物换成茶，再运到各地去销售。这是什么呢？这就是把赃物赃款洗白，因为茶的市场很大，是比较硬的通货。当时政府没有很有力的方式去阻止，所以在杜牧那个时代，江贼是很猖獗的。

政府有什么好办法呢？没有太好的办法。要么就是严打，不允许私茶，由国家统一来管理，这个叫"榷茶"。在杜牧之后几年施行过，但这个违反经济规律，只能让政府得到短暂的利益，贻害很大，所以很快废除了，而且提出这个方案的王涯结局也很不好。杜牧的方案是要组织地方力量，彻底全程管理水道，这个方案看起来不错，但是成本比较高，效果很难持久。

究其根源，这些江贼，说是贼寇，其实都有扬州的豪强做后盾，而豪强和官府的联系也是千丝万缕，贼、商、官已经很难区分了。这样的一个混乱局面，茶商有没有可能得到保障呢？杜牧举了一个例子，有一个江上黑社会的老大，叫陈璠，这个人很勇猛。江西监察史裴谊看着江上治安实在不好搞，就把他给请出来，让他来管理。结果怎么样呢？陈大哥从彭蠡湖口（鄱阳湖口）一出来，商船都跟着走，一路平平安安。后来陈璠不干了，这些茶商还都特别怀念他。这是什么呢？当官方的秩序无法建立的时候，实际上另有一套秩序来维持水路的运转。所以杜牧觉得国家还是没有找到办法，树立权威，否则江贼问题也没那么复杂。

我们知道，杜牧和白居易是同时代人，年纪稍微小一点。杜牧写这篇文章也就是《琵琶行》之后没几年，因此我们完全可以想象，当时这位茶商从浔阳入鄱阳湖前往浮梁买茶，一路上还是颇为凶险的。当然作为大商人，肯定各方面都有所打点和照应，但是在当时一个混乱的局面下，也还是充满了未知。茶商把娇妻留在浔阳，不是什么重利轻别离，实在是出于安全的考虑，不想让老婆冒这种风险。

白居易也不是第一次这么写了，元和十年的时候他就写过《夜闻歌者》，也是可怜一位小姑娘的身世。诗人总是怜香惜玉，遇美女难免会有不平，尤其是联想到自身。古人为什么总拿美人自况，仕途说白了其实就是一桩婚姻，士人和女人并无区别，只能争宠却不能做主，同是沦落天涯，如何不感慨万千。不过却冤枉了这位茶商。诗人和女子的相逢，有音乐、诗和远方；商人却只能奔波于眼前的苟且。

"老大嫁作商人妇"，据陈寅恪先生的考证，白居易遇见的琵琶女也不过三十岁，心中还有很多的波澜，所以才会与诗人有繁华归于寂寞的共鸣。

只是，那位独涉凶险的茶商会平安归来吗？他会举起翠色的茶盏，与她在船上同品嘉茗吗？只有江上的秋月才知道的罢。